Wichtigsten Erfindungen und ihre Geschichte

Laserpointer

Die Geschichte der Laser-Pointer ist eng mit der verknüpften

der Laser . Zwar war Albert Einstein, der entwickelt

die grundlegende Theorie des Lasers in der Anfang des 20. Jahrhunderts , ist es

schwer, genau festzulegen, wer für die war

die Erfindung der ersten Arbeitslaser . während Theodore

Maiman ist weit verbreitet mit der Erstellung der ersten Laser in gutgeschrieben

1960 gibt es drei weitere Wissenschaftler -Charles Townes ,

Arthur Schawlow und Gordon Gould - , der auch kämpfen

für die gleiche Ehre. Gould erhielt ein Patent für seine

Erfindung im Jahr 1977 , 20 Jahre nach seiner ersten Arbeiten , sondern durch die

Zeit viele Gruppen wurden bereits mit seiner Erfindung .

Zwei US- Gruppen werden mit der Erfindung des gutgeschrieben

Halbleiterlaser im Jahr 1962 , einer von Robert N. Halle geführt

im Forschungszentrum General Electric, und die andere von

Marshall Nathan am IBM T.J. Watson Research Center.

Allerdings wurde Laserpointer nur praktisch im Jahr 1970

Dank der Arbeit von Herbert Kroemer der Vereinigten

Staaten , Zhores Alferov der Sowjetunion und ihre

et al . Im Jahr 2000 , Kroemer und Alferov erhielt die

Nobelpreis für Physik für ihre Erfindung .

Ein Halbleiterlaser , eine Art von Halbleiterdiode ,

wird auch als Diodenlaser bezeichnet. Die Dioden sind in der Lage

hindurch Strom in einer Richtung und Laserdioden

kann Licht leicht zu erzeugen, wenn Strom durchläuft

sie . Solche Diodenlaser erfordern Schutz vor Strom

Fluten und Temperaturänderungen . Eine Stromsteuerschaltung

wird verwendet, um die Diode aus Empfangs zuviel verhindern

oder zu wenig Macht, und ein Kunststoffkoffer können es von zu schützen

Temperaturabweichungen.

Halbleiterlaser verwenden, ähnlich wie in Materialien

Transistoren und integrierte Schaltkreise , um eine zu erstellen

Lasermedium . Frühe Halbleiterlaser (1950) konnte

nur produzieren nicht sichtbare Infrarotstrahlung. Seitdem

Halbleiterelektronik nicht nur mehr geworden

kostengünstig in der Herstellung , haben sie auch kleiner werden

in der Größe und in der Regel weniger Energie benötigen . Sie können auch

sichtbares Licht erzeugen , von denen Rot ist die kostengünstigste und

blau, violett und grün sind einige der teureren

Varianten . Als Ergebnis von den 1980er Jahren Halbleiterlaser

wurde erschwinglich genug, um in der Unterhaltungselektronik zu verwenden

Geräte wie Laser-Pointer .

Massive Verbesserung in der Technologie und eine hohe Nachfrage

haben dazu beigetragen , den Preis von Laser-Pointer zu Fall zu bringen

von Hunderten von Dollar auf weniger als fünf Dollar für die

preiswerteste Typen. Viele Produkte wie Kinder

Spielzeug , Waffen und Projektoren Laser-Pointer zu übernehmen .

RULERS

Ein Herrscher , der auch als einer Linie Lehre oder Regel bezeichnet, ist ein

Gerät in der technischen Zeichnung verwendet , Geometrie , Technik,

Architektur und Druck , um gerade Linien zu zeichnen , messen

Entfernungen und als Leitfaden für präzises Schneiden.

Homo sapiens habe mit Herrscher seit der Antike wurde . während

die meisten alten Herrscher waren aus Holz , haben Archäologen

gefunden diejenigen aus Elfenbein , die vor 1500 v. Chr. verwendet wurden,

von der Indus-Kultur . Ein solcher Herrscher war

bei den Ausgrabungen in Lothal entdeckt und ist seit

vom ganzen Weg zurück bis 2400 vor Christus. Es wird angenommen , dass diese

Herrscher ist in Einheiten je Mess 1,32 Zoll unterteilt ,

in dezimalen Unterteilungen mit erstaunlicher Genauigkeit markiert

(innerhalb von 0,005 Zoll) . Alte Ziegelsteine in ganz gefunden

die Region haben Dimensionen, die diese Einheiten entsprechen.

Deutsch Industriellen Anton Ullrich ist mit der Gutschrift

Erfindung des Zollstock im Jahre 1851 . Im Jahre 1887 erhielt er

ein Patent für die Federkraft Scharnier verwendet seine

Erfindung. Die von ihm gegründete Firma noch existiert. In der Tat, es

stellt eine Vielzahl von Messinstrumenten unter

der Handelsname " Stabila " .

Aber Herrscher waren nicht immer aus Holz oder Elfenbein. Sie haben auch von Kunststoffen und Metallen hergestellt. und immer

Seit der Entdeckung der Kunststoff, aus diesem Material Lineale

haben an Bedeutung gewonnen , da sie leicht geformt werden

mit den Markierungen , statt auf eingeschrieben . heute

Metall wird vor allem Herrscher in Werkstätten beschränkt , oder

in ein Holzlineal für linear verwendet eingebettet

Schneiden , seine Kanten zu bewahren.

Ausflüge Herrscher sind vor allem für gerade Linien zeichnen , verwendet

Entfernungen messen oder als Anleitung zum Schneiden entlang dienen

eine Linie. Diese Arten von Herrschern mit abstands Markierungen entlang

Rand an. Andererseits wird ein in der Meßlinie verwendet

Druckindustrie , die Achat , Pica , Punkte und Zoll verwendet

als Maßeinheit. Darüber hinaus können einige Lehren

enthalten auch Proben von Linienbreiten in verschiedenen Punktgrößen .

Andere Messgeräte wie Gliedermaßstäbe verwenden

Zimmerleute und Maßbänder aus Metall, hergestellt sind

Tragbare durch Falten oder Zurückziehen in eine Spule . Der Schneider

Gewebeband ist ein weiteres flexibles Längenmesseinrichtung

das ist in Zentimeter und Zoll kalibriert. Es wird für

Herstellung Linearmessung sowie zur Messung

um ein festes Objekt - wie eine Person, die Bundweite.

Eine Kontraktion Herrscher , der auch als Schrumpf Herrscher bekannt, ist ein

Messeinrichtung , die größer als die Standard- Divisionen hat

Einheiten für Schrumpfung während Metallguss zu kompensieren.

WINKELMESSER

In der Geometrie ist ein Winkelmesser ein Quadrat, Kreis-oder
halbkreisförmigen Werkzeug in der Regel von transparenten Plexiglas
und zum Messen von Winkeln verwendet . Die Maßeinheit
gewöhnlich Grad eines Bogens . Sie werden verwendet für eine Vielzahl
von mechanischen und Engineering -bezogenen Anwendungen ,
aber vielleicht ihre häufigste Anwendung ist in der Geometrie
Unterricht in den Schulen. Während einige Winkelmesser sind einfach
Halbscheiben , fortgeschrittenen Winkelmesser, wie der Kegel
Winkelmesser, ein oder zwei Schwenkarme verwendet werden , um
messen den Winkel .

Die einfache , halb Scheibe Winkelmesser ist ein altes Gerät aus
mehrere tausend Jahre zurück . Während angenommen wird, dass die
Echt Erfinder hat in den Sand der Zeit verloren gegangen , im Jahr 2011 ein
faszinierende Möglichkeit, ans Licht kam . Ein ägyptischer Architekt
Namen Kha hatte geholfen, Pharaonen Gräber während bauen
der 18. ägyptischen Dynastie , um 1400 v. Chr. . Im Jahre 1906 , seine
eigenes Grab wurde von Archäologen Ernesto intakt entdeckt
Schiaparelli in Deir -al- Medina , in der Nähe des Tals der
Könige in Theben , Ägypten. Unter Kha Habseligkeiten waren
entdeckt Messinstrumente einschließlich Elle Stäbe,
eine Niveauregulierung , die eine moderne Geodreieck ähnelt ,
und was zu sein schien eine seltsam geformte leere Holz
Fall mit einem Klappdeckel . Schiaparelli dachte, das letzte Objekt

gehalten weiteren Nivelliergerät . Das Museum in Turin,

Italien, wo die Gegenstände werden nun ausgestellt , identifiziert

die Holzkiste , wie der Fall eines Bilanz Maßstab.

Aber Amelia Sparavigna , Physiker am Polytechnikum Turin ,

vorgeschlagen, dass es sich um eine völlig andere architektonische

Werkzeug - ein Winkelmesser . Der Schlüssel , sagte sie, in den Zahlen lag

in kunstvoller Dekoration des Objekts , die ähnlich codiert

eine Kompassrose mit 16 gleichmäßig verteilten Blütenblätter umgeben

durch eine kreisförmige Zickzack mit 36 Ecken. Sparavigna ging

zu behaupten, dass , wenn die gerade Stange des Objekts wurde am gelegt

ein Hang, wäre ein Senkblei seiner Neigung auf der Laibung

Kreiswahl. Allerdings sind viele Archäologen skeptisch

dieser Theorie und behaupten, dass die Holz-Objekt ist

einfach eine dekorative Fall .

Der erste Komplex Winkelmesser wurde entwickelt, die für das Plotten

Position von einem Schiff auf Seekarten . Genannt ein threearm

Winkelmesser oder Station Zeiger , es im Jahre 1801 erfunden wurde

von Joseph Huddart , einem englischen Marinekapitän . Das Zentrum

Arm fixiert ist , während die äußeren zwei drehbar sind , in der Lage ist

ist in jedem beliebigen Winkel relativ zum Zentrum eins gesetzt .

ZEICHNUNG KOMPASSSE

Ein Kompass oder Zirkel ist eine technische Zeichnung

Instrument vertraut zu jedem Schulkind . Es ist in eingesetzt

Schule in Geometrie Klassen in Zeichnung perfekt unterstützen

Kreise und Bögen . Es kann auch wie ein Paar Teiler verwendet werden

zur Messung von Entfernungen , insbesondere auf Karten .

Man hat Kompasse seit der Antike bekannt und genutzt werden.

In der Tat, verwendet sie als grundlegende Lehre die alten Griechen

Werkzeuge. All die Sätze des Euklid wurden mit nur bewährte

zwei Zeichengeräte : ein Zirkel und ein Lineal

mit einer geraden Kante . Die Grundform des Kompasses hat

seitdem nicht viel verändert, aber Stahl und Kunststoff

weitgehend seine ursprüngliche Konstruktion Material ersetzt ,

typischerweise Messing. In einigen mittelalterlichen europäischen Malerei,

der Kompass wird auch als Symbol des Gottes ursprünglicher verwendet

Akt der Schöpfung , das heißt , Genesis .

Im Jahre 1606 , der berühmte italienische Wissenschaftler Galileo Galilei veröffentlicht

eine Abhandlung zum Kompass gewidmet , mit dem Titel " Le operazioni del

compasso geometrico et militare " (Der Betrieb von geometrischen

und Militärkompasse) . Er fügte hinzu, eine gestaffelte Skala auf der

Zeichnung Kompass und benutzte es , um die grafische zeigen

Berechnung von Zinsen und Zinseszinsen und andere Funktionen.

Die berühmteste literarische Verwendung von Zirkel in A erscheint

Valediction: Verbieten Trauer, von John Donne geschrieben,
im Jahre 1611. verwendet der Erzähler den Kompass als Metapher für
die Kraft der geistigen Liebe ausdrücken. Er vergleicht seine
Liebhaber der festen Fuß des Kompass und sich die
andere frei beweglichen Fuß:
Wenn sie zwei, zwei sind sie so
Wie steif Doppel Kompasse sind zwei;
Deine Seele, die Enverständnis Fuß, macht keine Show

Zu bewegen, aber tut, wenn th 'zu tun.
Und obwohl es in der Mitte sitzen,
Doch wenn der andere weit doth streifen,
Es lehnt sich, und horcht nach ihm,
Und wächst aufrecht, wie die nach Hause kommt.
Solche willst du für mich sein, der muss
Wie th 'anderen Fuß, schräg;
Thy Festigkeit macht mein Kreis nur,
Und macht mich am Ende, wo ich begonnen.
Wussten Sie schon?
Das offizielle Wappen der ehemaligen Land von Ost-
Deutschland kennzeichnete einen Hammer und einen Kompass umgeben
von einem Ring aus Roggen. Diese Objekte dargestellt Arbeiter,
Intellektuelle und Bauern bzw.

KUGELSCHREIBER

Kugelschreiber verwenden viskose Tinte, die durch die abgegeben wird,
Abrollen eines kleinen Kugel an der Spitze des Stiftes befindet .
Die Kugel , in der Regel zwischen 0,5 mm bis 1,2 mm im Durchmesser, kann
aus Messing, Stahl , Hartmetall oder einem anderen hergestellt werden
langlebiges Material.
Frühe Versionen des Kugelschreibers wurden mehrere patentierte
Zeiten waren aber nie kommerziell erfolgreich. die erste
Patent wurde am 30. Oktober 1888 ausgegeben , um John Laut, ein
Leder Gerber. Die Idee kam , als er laut versuchte
auf seine Produkte schreiben und er keinen Brunnen finden konnte
Stift, der auf Leder schreiben würde . Laut Feder hatte eine kleine
rotierenden Stahlkugel , an Ort und Stelle von einem Sockel gehalten wird. Dies jedoch
Stift wurde nie hergestellt . Auch eine der anderen waren
350 Patente für Kugel- Stifte in den nächsten 50 ausgestellt
Jahre . Das Hauptproblem war die Tinten die Stifte durchgesickert
mit dünnen Tinte und mit dicker Tinte verstopft . abhängig von
die Temperatur , würde der Stift manchmal beides.
Laszlo Biro , ein ungarischer Zeitungsredakteur , war frustriert
durch die Menge der Zeit , die er in Brunnen füllt sich verschwendet
Stifte und Reinigung verschmiert Seiten. Er bemerkte, dass
Farben im Zeitungsdruck verwendet schnell getrocknet , so dass
das Papier trocken und frei von Schmutz und beschlossen, zu erstellen
ein Stift, der es benutzt . Jedoch würde die viskose Tinte nicht
fließen in einen Füllfederhalter Feder, so Biro , mit Hilfe von
sein Bruder György , (Re-) erfand den Kugelschreiber und
patentiert im Jahr 1938. Zuvor hatte Stifte von der Schwerkraft abhängig
um die Tinte auf dem Ball , die Schwierigkeiten verursacht liefern
mit der Strömung und erforderlich, dass der Stift gehalten werden fast

vertikal . Die Biro Stift verwendet Kapillarwirkung und einen Kolben
daß Drucktintensäule, diese Probleme zu lösen .
Die Briten fanden heraus, dass Biros nicht in großer Höhe auslaufen,
im Gegensatz zu Füllfederhalter. So lizenziert sie diese neue Design-und
die Biro Kugelschreiber wurde bald zum Massenprodukt
die Royal Air Force .
Sehr bald andere Unternehmen auch Fertigung begonnen
Kugelschreiber . Aber alle von ihnen noch vor vielen Problemen .
Manchmal würden die Stifte auslaufen, verschmieren das Papier oder
nicht reibungslos zu schreiben. Zwei Männer, die endlich gelöst diese Fragen .
Der erste war ein Amerikaner namens Patrick J. Frawley Jr.
Im Jahr 1949 startete seine Firma ihre erste Kugelschreiber ,
die " Paper Mate ", deren Verkaufsargument war die No- Abstrich
Tinte. Das zweite war ein Franzose namens Marcel Bich ,
die eine klare Lauf, glatt - Schreiben ins Leben gerufen , nonleaky ,
preiswerte Kugelschreiber 1952 , dass er als
der Kugelschreiber Bic . Der Kugelschreiber war endlich ein zu
praktische Schreibgerät !

SCHERE
Die ersten Scheren wurden wahrscheinlich um 1500 erfunden
V. Chr. im alten Ägypten oder Mesopotamien und langsam ausbreiten
durch den Rest der alten Welt über Handel und
Exploration. Diese Scheren waren der " Federscheren'
Vielfalt , mit zwei Bronzeklingenan das angeschlossene
Griffe von einem dünnen , flexiblen Streifen von gekrümmten Bronze (die
Drehpunkt), die die Schaufeln in Ausrichtung gehalten , so dass
sie zusammengequetscht und auseinander gezogen werden , wenn
veröffentlicht. Ägyptische Bronze Schere des 3. Jahrhunderts
BC sind einzigartige Objekte der Kunst. Auf jedem Blatt haben
dekorative männliche und weibliche Figuren Komplimente jeder
anderen . Diese werden durch solide Metallstücke von einer gebildeten
andere Farbe eingelegt in der Bronze.
Frühling Schere weiter in Europa verwendet werden, bis die
16. Jahrhundert. Aber in oder um 100 n. Chr. , römische Handwerker
entwickelten Lamellen Schere, in der die bladeedges
gekreuzt und rutschte aneinander vorbei beim Schneiden. die
Schleifendrehblieb , so daß die Schere ruhte
in einer offenen Position nach dem Gebrauch. Diese wurden gemeinsam
nicht nur im alten Rom, sondern auch in China , Japan und
Korea. Während die QuerblattIdee ist immer noch in fast verwendet
alle modernen Schere, nur wenige Sorten wie grassedging
Scheren behalten den Drehpunkt .

An einem gewissen Punkt in der Schere Evolution, einer unbekannten
Erfinder erkannt, dass mehr Kontrolle mit weniger Hand

Kraft könnte durch den Verzicht auf den Drehpunkt erhalten werden kann,
Trennen Sie die Schere in zwei Stücke (mit gefalteten ein
Schraube oder Niet) und macht Fingerschlaufen . In der fünften
Jahrhundert , der Schriftgelehrte, Isidor von Sevilla , Spanien, beschrieben
Kreuzblatt - Schere mit einem zentralen Drehpunkt als Werkzeuge der
Friseur und Schneider. Solche geschwenkt Schere aus Bronze oder Eisen
waren die direkten Vorfahren der modernen Schere.
Schwenkbare Schere nicht in großen Stückzahlen hergestellt
bis 1761 , als Robert Hinchliffe produzierte das erste Paar
des heutigen Schere aus gehärtetem und poliertem
Stahlguss. Hinchliffe lebte in Cheney Square, London,
und war wahrscheinlich die erste Person, löschte ein Schild
erklärte sich selbst eine feine Scherenhersteller.
Während des 19. Jahrhunderts , Scheren wurden mit handgeschmiedeten
kunstvoll verzierten Griffen. Die Klingen gebildet wurden
durch Hämmern auf den Stahl bekannt als gegliederte Oberflächen
Vorsprünge und die Ringe in den Handgriffen , wie Bögen bekannt ,
wurden durch ein Loch in der Stahl-und Vergrößerungs hergestellt
er mit dem spitzen Ende des Amboß .
Im Jahr 1967 startete die Gesellschaft ihre berühmten Fiskars
orange behandelt Schere , die immer noch sehr beliebt sind .

Post-it Notes
Ein Post-it Haftnotizen oder ist ein Stück Briefpapier entworfen
zur vorübergehenden Befestigung Notizen , Dokumente und andere
Oberflächen. Obwohl nun in einer Reihe von Farben zur Verfügung ,
Formen und Größen , Post-it- Notizen sind in der Regel drei Zoll
Kanarienvogel gelb gefärbte Quadrate . Ein einzigartiges Low-Tack
wiederverwendbaren Klebestreifen auf der Rückseite ermöglicht die Noten zu sein
leicht angebracht und entfernt werden, ohne Spuren zu hinterlassen .
Der Begriff Post-it und die goldgelbe Farbe sind eingetragene
Marken von der amerikanischen Firma 3M . bis der
1990er Jahre, als das Patent abgelaufen ist, sie nur produziert wurden
in der 3M -Werk in Cynthiana , Kentucky. Obwohl andere
Unternehmen produzieren jetzt "klebrig" oder Haftnotizen ,
die meisten der weltweit Post-it- Notizen werden noch gemacht .
Im Jahr 1968 , Dr. Spencer Silver, ein Chemiker bei 3M, war
Sie versuchen, eine super-starke Klebe entwickeln, aber
stattdessen versehentlich erstellt eine Low-Tack wiederverwendbar, druckempfindlichen
Klebstoff . Fünf Jahre lang , ohne viel Erfolg ,
Silber gefördert seiner Erfindung im 3M sowohl informell
und durch Seminare. Es war nur im Jahr 1974 , dass ein Kollege
von ihm, Dr. Art Fry, der als einer der Silver besucht hatte
Seminare, kam auf die Idee, den Klebstoff

, um das Lesezeichen in seinem Gesangbuch zu verankern während Dienste der Kirche. Fry dann weiter
die Idee entwickelt von
die Nutzung von 3M offiziell sanktionierten erlaubt
Bootlegpolitik : Forschungspersonal durften verbringen
10-15 Prozent ihrer Zeit der Arbeit an PET-Projekte .
Die gelbe Farbe des ursprünglichen Post-it gewählt wurde
Unfall ein Labor nebenan auf die Post-it Team hatte Schrott
gelbem Papier , die das Team für seine Experimente verwendet.
Schließlich 3M Management war überzeugt, und die Noten
wurden im Jahr 1977 in vier Städten unter dem Namen Press gestartet
'N Peel. Erste Umsätze waren sehr enttäuschend. jedoch
ein Jahr später, 3M verteilt kostenlose Proben für die Bewohner der
Boise, Idaho und eine erstaunliche 94 Prozent der Menschen
die sie sagten, sie würden das Produkt kaufen versucht.
Schließlich , am 6. April , 1980, das Produkt in US-Läden debütierte
wie Post- it-Zettel . Im Jahr 1981 wurden sie in Kanada ins Leben gerufen wurden
und Europa.
Wussten Sie schon?
Der bescheidene Post-it Note verwendet wurde , ernst zu erstellen
Kunstwerke . Im Jahr 2000 , zum 20. Jahrestag der Feier
Post- it-Zettel , Künstler schufen Kunstwerk auf sie. Ein solcher
arbeiten , von RB Kitaj , für £ 640 verkauft bei einer Auktion , so dass es
die wertvollste Post-it Note auf Rekord.

FIXIERMASCHINEN
Der erste bekannte Maschine zur Befestigung Papiere zusammen
wurde im 18. Jahrhundert in Frankreich für die exklusive gemacht
Verwendung von König Ludwig XV . Jedes handgemachte Grundnahrungsmittel war sogar
mit den Insignien des Königshofes eingeschrieben . jedoch
Diese Maschine wurde nie verkauft , wie auch die zunehmende Nutzung
Papier in das 19. Jahrhundert geschaffen Nachfrage . Amerikaner
und begann bald britischen Erfinder paten verschiedenen
Hefter -ähnlichen Maschinen und stellte mehrere konkurrierende
Technologien auf dem Markt . Dieser Kampf dauerte so spät wie die
1940er Jahren aus einem einfachen Grund : Niemand hat es ganz richtig !
Zum Beispiel im Jahr 1895 , der EH Hotchkiss Company of
Norwalk, Connecticut, begann mit dem Verkauf ihrer sogenannten Nr. 1
Papier Verschluss . Die Maschine verwendet einen langen Streifen wiredtogether
Heftklammern und dank seiner einfachen Bedienbarkeit , wurde so
beliebt, dass es wurde einfach bekannt als 'das Hotchkiss . '
Allerdings benötigt das Design einen schweren Schlag auf die
Kolben Maschine , die Klammern von ihren Streifen trennen
und treiben sie in einen Stapel von Papier. Tatsächlich Hotchkiss
Anwender oft klein gehalten Schlägel bereit für diesen Zweck.
Abgesehen von Patenten, die erste veröffentlichte Verwendung des Wortes

Hefter war in einer Werbung für das Century Pin Papier
Stapler , die in der amerikanischen Zeitschrift erschien Munsey
im Jahr 1901. Doch bis die 1920er Jahre , Begriffe wie Papier
Verschluss, Heftmaschine , und heften Bindemittel verwendet wurden
zu beschreiben, was wir jetzt als Hefter.
Schreibwaren -Großhändler Jack Linksy gegründet Swingline ,
die dann ging zu einem der am besten bekannten geworden
Dokument Befestigungs Marken, in den 1930er Jahren. Im Jahr 1937
Swingline entwickelte die Geschwindigkeit Hefter Swingline Nr.
3- die erste Top- Ladevorrichtung . Es wurde sofort
wegen der Einfachheit der Anwendung populär. Im Gegensatz zu früheren Modellen ,
wo ein Schraubendreher und Hammer waren nötig, um einzufügen
die Heftklammern , Linksy und seine Ingenieure erstellt eine patentierte
Einheit, in der die Oberseite der Maschine einfach geöffnet
und die Heftklammern sank rechts in.
Die moderne Hefter nahezu unverändert geblieben
seit Linksy perfektioniert im Jahr 1937. Swingline ist auch gutgeschrieben
mit der Erstellung von Produkten, die Pop-Kultur geworden sind
Sehenswürdigkeiten, wie das rote Modell in der Kult vorge
Film Office Space . Elektro-Modelle wurden in die erfundene
1950er Jahren , die Dokument vorgenommen Befestigung leichter als je zuvor .
Wussten Sie schon?
Bis heute ist das Wort für Hefter in Japanisch ist hochikisu ,
obwohl die Hotchkiss Gesellschaft hat längst aus der seit
Geschäft.

Bleistiftspitzer
Vor der Entwicklung von engagierten Schärfer , Messer
(wie Stift - Messer) wurden verwendet, um Bleistifte spitzen durch
schnitzte sie . Einige spezialisierte Arten von Stiften, wie
als Zimmermannsbleistifte, sind immer noch mit einem Messer geschärft
wegen ihrer einzigartigen flache Form gestaltet, um zu verhindern,
Wegrollen .
Im Jahre 1828 , ein Französisch Mathematiker namens Bernard
Lassimone erfand die erste mechanische Bleistiftspitzer
und zum Patent angemeldet . Der Spitzer verwendet, kleine Metall
Dateien bei 90 Grad in einem Holzblock , die abgekratzt und eingestellt
Masse der Bleistiftspitze . Allerdings war seine Erfindung nicht
viel schneller als Salamitaktik und so nicht fangen. Im Jahr 1847
ein weiterer Franzose namens Therry des Estwaux verbessert
auf Lassimone Design und kam mit einem Anspitzer , dass
durch Verdrehen der Stift in einem kegelförmigen Gehäuse gearbeitet .
Heute wird dieser Entwurf wie das Prisma Spitzer bekannt.
Walter Foster von Bangor , Maine, verbessert und vereinfacht
Estwaux Design im Jahr 1855 , so dass das Werkzeug leicht
Massenproduktion und durch den 1880er Jahren waren mehrere Unternehmen

Herstellung Prisma Spitzer in großen Mengen.
Zwischen den 1880er und 1910er Jahren , zahlreiche Erfinder Unternehmen und nahm die
Herausforderung an der Verbesserung der
mechanische Bleistiftspitzer . Diese Periode der Innovation
praktisch bis Mitte der 1910er Jahre , als Bleistiftspitzer beendet
mit zwei Planeten Zylinder mit Spiralschneidkanten
begann, den Markt zu beherrschen. Dieses Design gelungen
weil die Menschen erkannt, dass der richtige Ansatz, um
Bleistiftspitzen war es, sowohl den Stift halten und
Spitzer stabil und lassen das Innenleben zu bewegen
gleichmäßig über den Bleistift , Schärfen es . Die ersten Versuche,
eine solche Gestaltung einbezogen Schleifpapier implementieren und /
oder Blätter , von denen keiner funktionierte sehr gut. Dann wird in
1896 wurde die AB Dick Planetary Pencil Pointer wurde patentiert.
Diese Spitzer verwendet zwei Mahlscheiben die ' drehte
um ihre Achsen , während sie die Spitze des Bleistifts " umkreist ,
das ist es, was ein Planetenmechanismus bezeichnet.
Im Jahr 1904 , dem Höhepunkt Olcott Anspitzer weiter
verbessert das Design durch die Einführung einer zylindrischen Schneid
Kopf mit Spiralschneidkantenin einer Planeten -Mechanismus.
Mit Ausnahme der einfachen, kostengünstigen
Prisma Spitzer, hat diese Konstruktion weiter dominieren
der Markt . Die wichtigste Änderung ist seitdem die
Einführung der Elektrizität zum Drehen der Schneidkopf .
Solche elektrischen Bleistiftspitzer für Büros gemacht worden
mindestens seit 1917 , aber nicht wirklich kommerziell geworden
lebensfähig bis in die 1940er .

Tesafilm und Klebeband

Tesafilm , eine Marke der 3M, wurde in den entwickelten

1930 in Minneapolis, Minnesota durch amerikanische Erflnder

Richard Drew Gurley . Wenn Drew trat 3M 1923

es vor allem , hergestellt von Schleifpapier und Schleifmittel.

Eines Nachmittags , Drew, der eine junge Laborantin bei der war

Zeit , besuchte ein Auto Body Shop in St. Paul, Minnesota, um

testen eine neue Ladung von Sandpapier. Dort fand er einige sehr

wütende Arbeiter . Zwei-Farben- Autolackierungen, die waren

zu der Zeit populär, benötigt sie , um bestimmte Teile Maske des Autos mit schweren Klebeband und alte Zeitungen.

Nachdem die Farbe getrocknet , entfernt sie das Band - und oft

abgeschält Teil der neuen Farbe !

Drew erkannte, dass es einen Markt für Band mit weniger

aggressive Klebstoff und so begann eine lange und frustrierende

Suche nach der richtigen Kombination von Materialien . Er verbrachte zwei

Jahre vor der Entwicklung einer Formel , die das Experimentieren

wurde klebrig, mit dem Zusatz von Glycerin gehalten und gesichert

mit Krepppapier. 3M schließlich Drews Maskierung gestartet

Band im Jahr 1925. Der ursprüngliche Entwurf hatte über seine Haft

Kanten , aber nicht in der Mitte. In ihrem ersten Probelauf , fiel es aus

das Auto und ein frustrierter Auto Maler knurrte Drew,

" Nehmen Sie das Band zurück zu den Scotch -Bosse von dir ! 'Mit

Scotch er geizig gedacht. Der Spitzname hängen.

Unbeirrt ging Drew wieder an die Arbeit und begann zu

entwickeln eine wasserdichte Abdeckung für Eisenbahnwagen . einmal

er mit einem anderen 3M -Forscher , die erwägen, wurde gesprochen

Verpackungs 3M Abdeckband Rollen in Zellophan, ein neues

feuchtigkeitsbeständigen Verpackung erstellt von DuPont . Warum , Drew

fragte , konnte nicht Zellophan mit Klebstoff beschichtet werden

und als Dichtband für seine Eisenbahnwagen verwendet ?

Im Juni 1929 bestellte Drew 100 Yards aus Zellophan mit

die Experimente durchzuführen. Entwickelte er bald eine Produkt

Probe, die Versprechen für die Verpackung von allerlei zeigte

Produkte. Aber es war schwierig, Klebstoff gleichmäßig auf

auf Cellophan, die leicht während des Maschinen aufgeteilt

Beschichtung. Es dauerte über ein Jahr Drew , um diese Probleme zu lösen

und es war nicht bis Ende 1930 , die 3M endlich gestartet

Scotch Klebeband. Es ging auf eine der sich

bekanntesten und am weitesten verbreiteten Produkte in der Geschichte der

3M . Ihr Erfolg markiert den Beginn des Unternehmens

Diversifizierung und half ihnen, trotz der gedeihen

Großen Depression.

Tesafilm , von Engländern Colin Kininmonth gestartet

und George Gray im Jahre 1937 , ist der führende Klebeband Marke

in der GB , Indien und anderen Ländern. Es wurde erstellt

Beschichtung Zellophan -Folie mit einer Naturkautschuk -Harz.

Korrekturflüssigkeit

Frühe Korrekturflüssigkeiten waren in der Regel weißen Farben, die

nicht die Papierfarbe sehr gut übereinstimmen, hat lange

Zeit, um zu trocknen, und waren schwer zu überschreiben . Elne der

erste moderne Korrekturflüssigkeiten wurde 1951 erfunden von

eine Sekretärin aus Dallas, Texas, benannt Bette Nesmith

Graham. Graham begann als Executive

Sekretärin kurz nach dem Zweiten Weltkrieg. Sie entschied sich bald

einen besseren Weg, um ihre Tippfehler zu korrigieren.

Eines Tages Graham legte einige Tempera Farbe auf Wasserbasis , gefärbt, um das Briefpapier sie verwendet wird, in einer Flasche übereinstimmen,

und nahm sie Aquarellpinsel zu arbeiten. Sie nutzte dies , um

korrigieren ihre Tippfehler und fand , dass ihr Chef nie

bemerkt. Bald eine andere Sekretärin sah die neue Erfindung

und für einige gefragt . Graham fand eine grüne Flasche zu Hause,

schrieb Mistake Out auf einem Etikett , und gab sie ihrer Freundin.

Bald waren alle Sekretärinnen in dem Gebäude wollte es auch.

Im Jahr 1956 begann die Graham Mistake Out Company (später

umbenannt Liquid Paper) aus ihrer Heimat North Dallas . sie

wandte sich ihrer Küche in ein Labor , eine verbesserte Misch

Produkt in den Mixer. Ihr Sohn, Michael Nesmith , später

berühmt als Sänger / Gitarrist der populären Band The 1960

Monkees , und seine Freunde gefüllten Flaschen für die Kunden. Zunächst Graham machte wenig Geld trotz Arbeit Nächte

und am Wochenende , um Aufträge zu füllen. Eines Tages jedoch , machte sie

ein Tippfehler bei der Arbeit, die sogar Out -Fehler konnte nicht

zu korrigieren, und wurde gefeuert . Sie entschied sich dann alle ihr widmen

Zeit, um ihr neues Unternehmen und Geschäfts bald boomte.

Liquid Paper wurde ein Millionen -Dollar-Geschäft von 1967.

Eine weitere wichtige Marke von Korrekturflüssigkeit ist Wite -Out, jetzt

der BIC Corporation hergestellt. Seine Geschichte reicht bis

1966, als George Kloosterhouse , ein im Versicherungsunternehmen

Schreiber, bemerkt , dass die zeitgenössische Korrekturflüssigkeit tendenziell

, um die Tinte auf Fotokopien verschmieren . Kloosterhouse , mit

die Hilfe der Chemiker Edwin Johanknecht , dann entwickelt

" Wite -Out WO- 1 Löschen Liquid ' speziell für

Fotokopien . Im Jahr 1971 gründeten sie Wite -Out Produkte

Inc. zu verkaufen.

Frühe Formen von Wite -Out bis 1981 verkauft wurden, auf Wasserbasis

und wasserlösliche . Während das machte es leicht zu reinigen,

es dauerte auch länger , um zu trocknen und nicht gut auf nonphotocopier arbeiten

Medien wie Schreibmaschinen Dokumenten.

Das Unternehmen adressiert diese Probleme im Juli 1990 von

Einführung einer Lösungsmittelbasis , schnell trocknend, " Für alles "

Korrekturflüssigkeit . Heute Liquid Paper und Wite -Out bleiben

die beliebtesten Korrekturflüssigkeit Marken in Nordamerika,

Australien und Brasilien, während die Tipp-Ex ist in Europa beliebt.

WECKER

Menschen wurden machen Uhren mit Alarm

Mechanismen seit der Antike. Der griechische Philosoph

Plato wurde gesagt, einen großen Wasser Uhr mit ein besitzen

Alarmsignal ähnlich dem Klang einer Wasserorgel . die

Hellenistischen Ingenieur und Erfinder Ctesibius ausgestattet sein

Wasseruhren mit aufwendigen Alarmanlagen, die konnte

gemacht, um Kieselsteine auf einem Gong oder blasen Trompeten fallen werden

voreingestellten Zeit. Viele große wasserbetriebenen Wecker,

zwar nicht sehr genau, wurden in Europa, China, gebaut und

die arabische Welt in den nächsten Jahrhunderten. sie

Besonders beliebt in den Klöstern , wo Mönche hatten

singen Gebete zu festen Zeiten .

Die ersten mechanischen Uhren angetrieben durch fallende Gewichte

wurden im 14. Jahrhundert. Einige der Uhrentürme in

Westeuropa in dieser Zeit gebaut waren in der Lage,

läuten zu einem festen Zeitpunkt jeden Tag. Die berühmten Florentiner

Schriftsteller Dante Alighieri, im Jahre 1319 , in seinen Schriften beschrieben

eine der frühesten dieser mechanischen Uhren. die

berühmte Original markanten Uhrenturm noch steht ist

vielleicht der eine in dem Markusplatz , Venedig, das war

im Jahre 1493 zusammengebaut.

Benutzer einstellbaren mechanischen Wecker jeden Tag aus dem 15. Jahrhundert in Europa zumindest .
Diese frühen Alarm

Uhren hatte einen Ring von Löchern in der Zifferblatt und wurden eingestellt

indem Sie einen Stift in das entsprechende Loch. Die Erfindung

der Feder erlaubt Uhren , kleiner zu werden . von

1620 , Haushalts Uhren waren im Einsatz und einige hatten sogar

Alarm -Mechanismen.

Es wurde fälschlicherweise angegeben, dass Levi Hutchins, ein

Uhrmacher aus Concord , New Hampshire, erfunden

der erste Wecker , um sich für rechtzeitig aufwachen

seinen Job. Es stimmt, dass im Jahre 1787 , steckte Hutchins die Funktionsweise

von einer großen Uhr in ein kleineres Gehäuse , eingefügt ein Ritzel

oder Getriebe , und für die Ankunft von 04.00 wartete. wenn vier

Uhr kam schließlich um, das Getriebe ausgelöst wurde , die

setzen eine Glocke in Bewegung. Allerdings Hutchins ' Gerät gemacht wurde

nur für sich, nur um 4 Uhr klingelte und klingelte , bis

die Feder lief . Auch andere Erfinder hatte

ähnliche Ideen vor . Die Französisch Erfinder Antoine Redier

war der erste, der eine einstellbare mechanische Wecker patentieren

im Jahre 1847 . The Seth Thomas Clock Company of Connecticut,

USA, ein Patent im Jahr 1876 für eine kleine Nacht gewährt

Wecker. In den späten 1870er Jahren wurden solche Uhren beliebt

und alle wichtigen Takt -Unternehmen begann sie zu machen.

Von da an ging alles schnell. Der Repeater Alarm war

erfunden , erlaubte Strommotoren, die Hände zu bewegen, und

piept , zwitschert und Lieder der Klang der Glocken ersetzt.

DRUCKBLEISTIFTE

Bis zum Beginn des 20. Jahrhunderts , Hersteller

Blei hergestellt Inhaber nicht wahr mechanische

Bleistifte. Ein Leitungshalterist einfach eine Röhre, die einen Stock hält

Blei, mit keiner Weise als es Vorschieben oder Zurückziehen der Führung

wird verwendet . Eine der frühesten Blei Halter wurde festgestellt,

an Bord des Wracks des britischen Kriegsschiffes HMS Pandora,

die im Jahr 1791 nach der auf dem Great Auflaufen sank

Barrier Reef vor der Küste Australiens. Dies führte Halter

wurde in zwei Hälften für etwa drei Viertel seiner aufgeteilt

Länge , so dass eine Hälfte entfernt werden konnte , einen neuen Platz

Graphit "führen" im Inneren. Thomas Jones von Whitechapel ,

London, hatte diese Art von Bleistift im Jahr 1783 patentiert.

Das erste Patent für ein Druckbleistift mit Blei - Antriebs

Mechanismus wurde 1822 in Großbritannien zu Sampson ausgestellt

Mordan und John Hawkins . Ihre Erfindung war kein echter

mechanischen Bleistift , da die Benutzer , um eine einheitliche Stücke tragen musste

von Blei in der Tasche als bei Bedarf zu verwenden.

Unternehmen Mordan ist weiterhin Bleistifte herstellen

und eine breite Palette von Silber -Objekte bis zum Ersten Weltkrieg .

Mehr als 160 Patente zu Druckbleistifte verwandt waren

zwischen 1822 und 1874 ausgestellt . So A.W. Faber

aus Deutschland erstellt ein Modell um 1860 . Dieser Bleistift wurde zu architektonischen Zeichner vertrieben und war

hohl , so dass es mit einem längeren Kabel montiert werden. Im Jahr 1861

Faber patentiert auch die Drehverriegelung Kupplungsmechanismus

für Bleistifte. Die erste federbelastete Druckbleistift war

im Jahre 1877 und einem Twist - Fördermechanismus im Jahr 1895 patentiert.

In Japan eingeführt Tokuji Hayakawa Ever -Ready

Sharp Pencil in 1915 , mit einem robusten Metallwelle

Nickel, einer Schneckenmechanismusund eine aus

scharfe Spitze. Die Ever- Sharp bald begann mit dem Verkauf in großen

Zahlen. Hayakawa selbst ging auf die gefunden

Sharp Corporation. Nach seinem Bleistift benannt, ist es heute ein

multinationalen Elektronik-Unternehmen .

Etwa zur gleichen Zeit , American Charles R. Keeran

war die Entwicklung eines ähnlichen Bleistift mit einem sehr dünnen Blei

das würde die Vorstufe meisten heutigen werden

Bleistifte. Sein Design , die er nannte die Eversharp , war

ergonomisch , leicht herzustellen , zuverlässig und

langlebig. Es wurde Ratsche -Basis , während Hayakawa war

Schraube -basiert. Die Wahl Company, Chicago kaufte

Keeran 1917 und beginnt mit dem Verkauf seiner Druckbleistifte

durch die Millionen. Andere Hersteller wie Sheaffer ,

Parker, Waterman und folgten bald . Heute ist die direkte

Nachkommen dieser klassischen Bleistifte können in jedem gefunden werden

Büro - und Schreibwaren oder Versorgung zu speichern .

BRIEFMARKE

Eine Reihe von Menschen haben Anspruch auf das Konzept der vorgesehenen

Briefmarke. Im Jahre 1680 , William Dockwra und sein Partner

Robert Murray gründete die London Penny Post,

welche Briefe und Päckchen in London für gelieferte

ein Pfennig . Viele Historiker halten dies für die Welt sein

ersten modernen Post. Im Gegensatz zu der heutigen Post, jedoch

Porto wurde erst bezahlt, nachdem der Brief zugestellt wurde

und akzeptiert.

Im Jahre 1835 , der österreichisch -ungarischen Beamten Lovrenc

Koširy schlug die Verwendung von "künstlich befestigt Poststeuer

Briefmarken " mit gepresste papieroblate (gepresste Papier Wafer) .

Ein schottischer Drucker und Verleger , James Chalmers, auch

behauptet, der Erfinder des Klebebriefmarkesein

und einen Vorschlag an den britischen General Post

Office- 1838 .

Allerdings waren Briefmarken , wie wir sie zuerst

in Großbritannien im Jahr 1840 als Teil der eingeführten

Postreformendurch Lehrer , Erfinder und sozialen gefördert

Reformer Sir Rowland Hill.

Hill größeren Ziel war es, die stetige finanzielle Verluste umkehren

der Post und sein Projekt wurde als die bekannte Große Post -Reform . Er überzeugte das Parlament

nehmen die Uniform Fourpenny Post, die in ging

bewirken im Jahr 1839 . Die erste Prepaid- Briefmarke, die Penny

schwarz, wurde der Verkauf von Mai 1840 gelegt . Zwei Tage später

Zwei- Pence blau eingeführt. Beide enthalten die Briefmarken

eine Gravur der jungen Königin Victoria. Aber war schwarz

keine gute Wahl , da der Stempelfarbe einer Stornierung

Noten waren schwer zu sehen. So von 1841 ab , die Briefmarken

wurden in einem ziegelroten Farbe gedruckt. Andere Länder bald

folgte mit eigenen Briefmarken. Schweiz hat die

Zürich 4 und 6 Rappen im Jahr 1843 . Brasilien ausgestellt ins Schwarze

Stempel des gleichen Jahres, die Entscheidung für ein abstraktes Design statt

von einem Porträt von Kaiser Pedro II. - Poststempel , so dass eine

würde sein Bild nicht entstellen . Die ersten Briefmarken in Indien

wurden im Oktober 1854 vier Werte ausgegeben : Die Hälfte anna,

anna ein , zwei Annas (in grün) und vier Annas . letzteres

war einer der weltweit ersten zweifarbig Briefmarken - in rot und

blau. Alle vier Varianten ein jugendliches Profil der Königin vorge

Victoria und wurden in Kalkutta entworfen und gedruckt .

Nach der Einführung der Briefmarke , die

Anzahl der Buchstaben im Vereinigten Königreich drastisch erhöht. von

1850 ist die Zahl der Briefe ab 76 gestiegen war

Millionen auf 350 Millionen , und fuhr fort, bis die wachsen

Ende des 20. Jahrhunderts. Heute haben jedoch E-Mails

drastisch reduziert die Verwendung von Briefmarken.

Schreibmaschinen

Eine Anzahl von Menschen zur Entwicklung von

kommerziell erfolgreich Schreibmaschinen. Pellegrino Turri Italienisch

erfand den ersten Arbeits Schreibmaschine im Jahre 1808 ; die eingegebenen Buchstaben

auf seiner Maschine noch existieren. Turri erfand auch Kohlepapier zu

Tintenstrahl für seine Maschine. Viele der frühen Maschinen, einschließlich

Turri Jahren wurden entwickelt , um die Jalousie zu schreiben, zu ermöglichen.

Zwischen 1829 und 1870 , viele Erfinder in Europa und

Amerika patentierte Druck-oder Schreibgeräte , aber keine

von ihnen gingen in die kommerzielle Produktion . Einige von diesen

Maschinen sind Amerikaner Charles Thurber Erfindung,

helfen den Blinden im Jahr 1843 , Italiener Giuseppe Ravizza Prototyp

Schreibmaschine genannt Cembalo scrivano o macchina da scrivere ein tasti ,

eine Maschine zum Schreiben mit Tasten im Jahre 1855 und der brasilianische Priester

João Francisco de Azevedo Schreibmaschine im Jahre 1861.

Im Jahr 1865 , Rev. Rasmus Malling -Hansen in Dänemark erfunden

die Hansen Schreiben Ball, der erste kommerziell verkauft

Schreibmaschine. Es ging in die Produktion im Jahr 1870. Seine unverwechselbare

Merkmal war eine Anordnung der 52 Tasten auf einer großen Messing

Hemisphäre. Diese Maschine war erfolgreich in Europa und

in London bis 1909 in Büros verwendet.

Die erste Schreibmaschine kommerziell erfolgreich zu sein, war die Remington Nr. 1 . Amerikanische Erfinder Christopher Sholes

gestaltet es mit etwas Hilfe von Samuel Soule und Carlos

Glidden . Diese Maschine wurde als Sholes kommerzialisiert

und Glidden Type -Writer , die die Herkunft des Begriffs war

Schreibmaschine. William K. Jenne Sholes "-Design weiter verfeinert

und die Remington Unternehmen begann die Produktion der ersten

Schreibmaschine im Jahr 1873 bei $ 125 festgesetzt.

Die Remington Nr. 1 hatte Blumen und Aufkleber bemalt und

sah eher wie eine Nähmaschine. Es integriert Elemente

wie eine zylindrische Walze und die erste vierreihige QWERTZ

Tastatur, die aufgrund des Erfolgs der Maschine war bald

von anderen Herstellern übernommen Schreibmaschine . Aber diese Maschine

konnte nur Großbuchstaben zu drucken. Eine bedeutende Innovation

in der Geschichte der Schreibmaschinen war die Verschiebung und Schaltsperrschlüssel ,

das sowohl Groß-und Kleinschreibung erlaubt Ausgabe von

die gleiche Tastatur. Diese Funktion geholfen, Schreibkraft vereinfachen

Betriebs-und Herstellungskosten zu senken , wodurch die

Preis von Schreibmaschinen. Die erste Schreibmaschine mit einem Shift-Taste war

die Remington Nr. 2 von 1878.

Schreibmaschinen nicht häufiger geworden in Büros , bis die

Mitte der 1880er Jahre . Dies ermöglichte es Frauen , die Belegschaft in großen beitreten

Zahlen für das erste Mal . Bis 1909 , 89 separaten Schreibmaschine

Hersteller gab es in den Vereinigten Staaten allein, und 1910 ,

die mechanische Schreibmaschine war eine standardisierte Design erreicht.

Elektrische Schreibmaschinen

Die Universal Stock Ticker wurde von Thomas Alva erfunden

Edison im Jahre 1870. Das beliebte Elektro Drucker empfangenen Signale

von einem Telegrafenlinie und automatisch ausgegeben Buchstaben und

Zahlen , vor allem die Aktienkurse , auf einem Papierband . Edison später

baute eine Schreibmaschine mit einer Reihe von Magneten angetrieben wird, aber es war

groß, teuer und kommerziell nicht erfolgreich.

Die erste praktische elektrische Schreibmaschine wurde entwickelt von

Amerikaner George Blickensderfer und startete seine

Unternehmen mit Sitz in Stamford , Connecticut, im Jahr 1902. Die Blick

Elektro hatte einige Vorteile der späteren elektrischen Schreibmaschinen ,

einschließlich Lichttaste berührt , auch die Eingabe und automatische

Wagenrücklauf . Die Maschine wurde von einem Emerson angetrieben

Elektromotor . Aber auch dies war nicht im Handel

erfolgreich, möglicherweise, weil es langsam oder weil getippt

Stromversorgung war noch nicht standardisiert.

James Smathers von Kansas City, Missouri, erfand der

erste praktische kraftbetriebene Schreibmaschine. Smathers

wollte Tippgeschwindigkeit zu erhöhen und Müdigkeit

und er ein Arbeitsmodell von 1912 vollendet hatte . In

1923 der Nordosten Electric Company in Rochester , New

York, hatte Smathers ' Patent erworben . Nordosten weiter

entwickelten Smathers 'design , damit sie es auf den Markt könnte Schreibmaschine Hersteller. Im Jahr 1925 wurde es verwendet, um zu starten

die Remington Elektrische Schreibmaschinen. Und im Jahr 1929 , Nordosten

in die Schreibmaschine Unternehmen für sich selbst, die Herstellung

Electro erste Schreibmaschine .

Im Jahr 1935 , IBM, die die Electro erworben hatte

Technologie , neu gestaltet und startete es als das IBM Elektro

Schreibmaschine Modell 01 . Smathers bei IBM , wo er

weiterhin auf Schreibmaschinen arbeiten . Im Jahr 1941 startete IBM

die Electro Modell 04, die proportional eingeführt

Buchstabenabstand (Kerning) , wo Buchstaben wie "i" und "w"

unterschiedliche Breiten aufweisen. Diese Innovation machte Schreibmaschinen

Dokumente sehen eher aus wie gedruckte Seiten . 1961 , IBM

startete die revolutionäre Selectric , die beseitigt

" Staus " und erlaubt schnelle Änderungen Schrift durch Bedrucken mit ein

kleine, kugelförmige " Typeball ' statt der traditionellen Art Bars.

Selectric dominierte den Markt für Büroschreibmaschine mindestens

zwei Jahrzehnten. Spätere Versionen hinzugefügt auch die Fähigkeit, zu korrigieren

Tippfehler und Schriftgröße ändern innerhalb von Dokumenten .

Elektronische Schreibmaschinen begann ersetzen diejenigen in der Elektro

Anfang der 1980er Jahre . Diese Maschinen , die von Xerox , Brother- Pionier ,

und Canon, waren frühe Wort -Prozessoren. Sie hatten elektronischen

Erinnerungen , Displays, Rechtschreib-und Grammatikprüfung , und

Platten. Heute , PCs und Laser-oder Tintenstrahldrucker

Drucker sind elektronische Schreibmaschinen ersetzt.

CELLOPHANE

Cellophan ist eine dünne, transparente Folie aus

regenerierte Cellulose, ein natürliches Polymer von Glucose

in großen Mengen aus Zellstoff oder Baumwollfasern erhalten .

Es ist zu 100 Prozent biologisch abbaubar und seine geringe Durchlässigkeit

in die Luft, Öle, Fette, Bakterien und Wasser macht es sinnvoll,

für Lebensmittelverpackungen .

Cellophan entstand aus einer Reihe von Bemühungen durchgeführt

im späten 19. Jahrhundert auf künstliche Materialien herzustellen

durch die chemische Veränderung der Cellulose. Im Jahr 1892 , Englisch

Chemiker Charles F. Kreuz und Edward J. Bevan patentierte

Viskose, eine Lösung von Cellulose mit Natronlauge behandelt,

und Schwefelkohlenstoff .

Cellophan wurde von Schweizer Chemiker Jacques Edwin erfunden

Brandenberger . Sobald Brandenberger wurde auf eine sitzende

Restaurant im Jahr 1900 , wenn ein Kunde verschüttet Wein auf die

Tischdecke. Als der Kellner ersetzt das Tuch , beschloss er,

eine klare flexible Folie zu erfinden Tuch auftragen , so dass es

wasserdicht. Seine erste Idee war, eine wasserdichte Beschichtung sprühen

auf Stoff und er entschieden, Viskose versuchen . Die resultierende beschichtete

Stoff war viel zu steif, aber die klare Folie leicht getrennt

von der Träger Tuch und er seine ursprünglichen Pläne aufgegeben

wie die Möglichkeiten des neuen Materials klar wurde. Es dauerte zehn Jahre, Brandenberger , seinen Film , perfektionieren die

er Cellophan genannt hatte , aus den Worten Zellulose und

diaphane ("transparent") . Sein Chef war Innovation hinzufügen

Glycerin , um das Material zu erweichen. Bis 1912 hatte er konstruiert

eine Maschine, um den Film zu produzieren und patentiert .

Cellophan sah begrenzte Verkäufe auf den ersten da es wasserdicht,

aber nicht feuchtigkeitsgeschützt - es statt Wasser war aber durchlässig

Wasserdampf . Dies bedeutete, dass es ungeeignet

Verpackungen , die Feuchteschutz erforderlich.

Der amerikanische Chemieunternehmen Du Pont gemietet Chemiker

William Hale Charch , der drei Jahre in die Entwicklung

eine Nitrozelluloselack , dass, wenn auf Cellophan angewendet

machte es Feuchtigkeit Beweis . Nach seiner Einführung im Jahr 1927 ,

Umsatz der Material verdreifachte sich zwischen 1928 und 1930. 1938 ,

Cellophan entfielen 10 Prozent des Umsatzes von Du Pont

und 25 Prozent der Gewinne.

Cellulosefilm wurde kontinuierlich hergestellt

seit Mitte der 1930er Jahre und wird noch heute verwendet . Neben Lebensmitteln

Verpackung , es hat viele industrielle Anwendungen als auch,

solche als Basis für Selbstklebebänder , eine semipermeable

Membran in bestimmten Arten von Batterien verwendet werden, wie Dialyse

Schläuche, Visking Tubing, und als Trennmittel in der

Herstellung von GFK -und Gummiprodukten .

RADIERGUMMIS

Typische Radiergummis oder Kautschuke sind aus synthetischem Kautschuk.

Radiergummis abholen Graphit-Teilchen , also das Entfernen Bleistift

Markierungen von der Oberfläche des Papiers . Dies funktioniert, weil die

Moleküle in Radiergummis sind " klebriger " als das Papier , so, wenn

der Radiergummi auf den Bleistiftstrich eingerieben , die Graphit

klebt an der Radiergummi , anstatt des Papiers.

Vor Radiergummis , Tabletten aus Gummi oder Wachs verwendet wurden

Blei -oder Holzkohlespuren von Papier zu löschen. Bits von rauen

Stein wie Sandstein oder Bimsstein wurden verwendet, um entfernen

kleine Fehler aus Pergament oder Papyrus- Dokumente

mit Tinte geschrieben . Crust - weniger Brot wurde auch als ein verwendet

Radiergummi ; in der Tat, ein Meiji- Ära (1868 - 1912) Student in Tokio

sagte: " Brot Radiergummis wurden anstelle der Radiergummis verwendet

und so würden sie uns ohne Einschränkung zu geben

Menge . Also dachten wir uns nichts von der Einnahme dieser und Essen

ein fester Bestandteil , um unseren Hunger zumindest leicht zu befriedigen ... "

Brot war das beste von allen , die für das Entfernen verwendeten Substanzen

Bleistift markiert , bis Naturkautschuk wurde in

die Alte Welt . Englisch Chemiker und Theologe Joseph

Priestley war der Erste, der seine Verwendung zum Entfernen beschreiben

Bleistiftmarkierungen . Im Jahr 1770 erklärte er die Leser seines Buches Familiar

Einführung in die Theorie und Praxis der Perspektive , wo die ersten Radiergummis aus Kautschuk kaufen :

Da diese Arbeit wurde gedruckt , habe ich einen Stoff gesehen hervorragend zum Zweck Abwischen von Papier geeignet ist die

Spuren eines schwarzen -Blei- Bleistift. Es muß daher sein singulärer

verwenden, um diejenigen, die Zeichnung zu üben. Es wird von Herrn Nairne verkauft ,

Mathematische Instrumentenbauer , gegenüber der Royal Exchange .

Er verkauft einen würfelförmigen Stück, etwa einen halben Zoll , für drei Schilling ;

und er sagt, es wird mehrere Jahre dauern.

Allerdings ist Naturkautschuk auch leicht verderblich. Im Jahr 1839

Amerikanische Erfinder Charles Goodyear entdeckte der

Verfahren der Vulkanisation , bei dem Schwefel zugesetzt wird

Gummi , "Heilung" und machen es haltbar. Radiergummis

wurde gemeinsam mit dem Aufkommen der Vulkanisation .

Am 30. März 1858 Hymen Lipman von Philadelphia, USA

erhielt das erste Patent für die Befestigung einen Radiergummi bis zum Ende

von einem Bleistift. Seine Bleistift hatte eine Nut an der Spitze , in die

ein Radiergummi wurde geklebt. In den frühen 1860er Jahren , die berühmte Faber-

Castell -Unternehmen, in Deutschland im Jahre 1761 gegründet und immer noch

heute gut bekannt ist, machte Bleistifte mit angeschlossenem

Radiergummis. Sehr bald danach , auch andere Unternehmen

begann, wie Stifte , die bekannt wurde

wie Penny Bleistifte , weil sie billig waren . sie

wurde bald sehr beliebt.

PAPER CLIPS

Die Befestigung der Papiere ist historisch dokumentiert

Bereits im 13. Jahrhundert, als die Menschen setzen ein Band

durch parallele Einschnitte in den Ecken der Seiten. später

die Bänder wurden gewachst , um sie stärker zu machen und

leichter rückgängig machen und wiederherstellen . Dieses Verfahren zum Beschneiden Papiere

zusammen für die nächsten 600 Jahre fortgeführt. Viele Male,

Massenware gerade Stifte , im Jahre 1835 eingeführt wurden, waren

Auch für die Befestigung Papiere verwendet, obwohl sie es nicht waren

zu diesem Zweck gestaltet.

Das erste Patent für einen gebogenen Draht Büroklammer war wahrscheinlich

Samuel B. Fay der Vereinigten Staaten im Jahre 1867 ausgezeichnet.

Dieser Clip wurde ursprünglich zur Befestigung Tickets bestimmt

Gewebe , aber Fay realisiert , dass sie auch verwendet werden, um zu befestigen

Papiere zusammen . Obwohl funktionell und praktisch , Fay

Design zusammen mit den 50 oder so andere Designs patentiert

vor 1899 wurden nie beworben oder weit verkauft.

Bent -Papierklammernpopulär wurde erst nach massenproduzierten

Stahldraht, und die Maschinen zum Biegen es

am Ende der zuverlässig und kostengünstig verfügbar wurde

19. Jahrhundert. Die häufigste Art von Draht Büroklammer

noch im Einsatz , die Gem Büroklammer wurde nie patentiert , aber

wurde wahrscheinlich in Großbritannien durch die GEM erzeugt Manufacturing Company in den frühen 1870er Jahren . Eine 1883

Artikel über Edelstein- Papier - Befestigungs lobt sie, weil sie

' besser als normale Stifte "für" Zusammenbinden Papiere

über das gleiche Thema , ein Bündel von Briefen, oder Seiten ein

Manuskript . Büroklammern sind immer noch manchmal als Edelstein

Clips und in Schwedisch, das Wort für jede Büroklammer ist gem .

Seitdem unzähligen Variationen über das gleiche Thema haben

patentiert , sondern die Original -Edelstein -Typ hat sich als

die praktischste und folglich immer noch bei weitem die

beliebt. Andere Formen noch gelegentlich verwendet werden , wie z. B.

die Non -Skid ; das Ideal , für dicke Bündel von Papier verwendet ; die

Eule, für seine zwei augenförmigen Kreisen genannt ; und die perfekte

Gem oder Gothic , die von Bibliothekaren begünstigt wird, weil sein

längere Beine machen es weniger wahrscheinlich, zu biegen und zu zerreißen Papier.

Eine norwegische , Johan Vaaler , wurde falsch identifiziert

als Erfinder der Büroklammer . In Wirklichkeit ist Vaaler

Erfindung wurde nie hergestellt oder vermarktet wurde, weil

dann durch die überlegene Gem bereits verfügbar war . jedoch

lange nach Vaaler Tod schuf seine Landsleute ein

nationalen Mythos basiert auf der falschen Annahme , dass die

Papierclip wurde von einem unbekannten norwegischen erfunden

Genie. Nach dem Zweiten Weltkrieg , wurde die Büroklammer sogar ein

Symbol der nationalen Einheit und den Stolz in Norwegen.

SICHERHEIT PINS

Ein Sicherungsbolzen ist eine Variation des normalen Stift mit einem

einfachen Federmechanismus und ein Verschluss. Der Verschluss hat zwei

Zweck : um eine geschlossene Schleife zu bilden, wodurch die Befestigungsstift

mehr sicher und auch auf seine scharfen Ende zu verhindern, decken

Nadelstiche . Sie werden häufig verwendet, um aneinander zu befestigen

Stoffstücke wie Kleidung beschädigt und Stoffwindeln

(Windeln), aber mehrere andere Verwendungen.

Obwohl Pins sind als Verbindungselemente verwendet wurden seit prähistorischen

mal , US-amerikanischer Mechaniker und Erfinder Walter

Hunt of New York gilt als Erfinder der angesehen

moderne Sicherheitsnadel. Das Bedürfnis, einen 15 $ Schulden mit ein nieder

Freund , Jagd eines Tages beschloss , etwas Neues zu erfinden

um es sich auszahlen. Er war Verdrehen Sie ein Stück aus Messing

Draht, der etwa acht Zentimeter lang war , als er beschloss,

machen eine Spule in der Mitte des Drahtes , so wäre es zu öffnen

wenn er losgelassen . Er fügte hinzu, dann einen separaten Verschluss und Punkt

an dem anderen Ende , so dass der Punkt, wo die gezwungen

Spange von der Feder . Der Verschluss gehalten Finger auch sicher vor

Verletzungen , daher der Name " Sicherheitsnadel " . Die gesamte Erfindung

Jagd dauerte nur drei Stunden zu schaffen.

Im Jahr 1849 erhielt Jagd ein Patent für seine Erfindung , aber bald

verkaufte die Rechte an WR Grace and Company für 400 $,die heute ein wenig mehr als $ 10.000 wäre .
Was

Jagd nicht zu realisieren war, dass in den nächsten Jahren , WR folgen

Gnade, die immer noch als Hersteller von Spezial vorhanden

Chemikalien und Materialien , würde Millionen von Dollar zu machen

nehmen von seiner Erfindung .

Hunt Ausfall , Geld von seiner Erfindung zu machen war

typisch für den Mann. Er war ein vielseitiger und kreativer

Erfinder, der eine erstaunliche Vielfalt von neuartigen erstellt

Geräte wie der Doppelsteppstich- Nähmaschine, eine

Vorläufer der Winchester Repetiergewehr , einer erfolgreichen

Flachs- Spinner, ein Messerschärfer (immer noch hergestellt und

heute weit verbreitet), der Füllfederhalter, ein Nagel - Herstellung

Maschine , ein Restaurant Dampf Tisch, ein Holzer Säge, ein

Schiffs Eisbrecher , Tintenfässer , eine Straßenbahn Glocke, ein hart coalburning

Herd , Kunststein, Straßenreinigung Maschinen,

die velocipede (eine frühe Fahrrad), ein Schuhabsatz , ein ceilingwalking

Gerät im Zirkus verwendet wird, und das Eis Pflug.

Pech für ihn , hat er nie den kommerziellen realisiert

Bedeutung seiner eigenen Erfindungen und entweder nicht

patentieren sie oder verkauft die Patente für sehr kleine Summen

Geld.

KALEIDOSCOPES

Ein Kaleidoskop ist ein Zylinder mit Spiegel enthalten,

lose, farbige Objekte wie Perlen, Steine und Bits

von Glas. Als einer in ein Ende sieht , das andere Licht tritt ,

reflektiert der Spiegel , und schafft bunte Muster .

Das Wort " Kaleidoskop " wurde 1817 von dem schottischen geprägt

Erfinder Sir David Brewster . Es wird aus den abgeleiteten

Antike griechische καλός (kalos) bedeutet " schön, Schönheit ' ,

εἶδος (Eidos) bedeutet " das, was zu sehen ist : Form, Gestalt ' und σκοπέω (skopeō) Bedeutung ' zu schauen, zu untersuchen " ,

daher " Beobachter der schönen Formen . "

Sir David Brewster war ein schottischer Physiker, Mathematiker ,

Astronom , Erfinder , Schriftsteller und Universitätshaupt.

Er begann die Arbeit, die das Kaleidoskop im Jahre 1815 führte

während der Durchführung von Experimenten an Lichtpolarisation .

Während er einen Blick auf einige Objekte am Ende der zwei

Spiegel, bemerkt Brewster , dass Muster und Farben waren

neu erstellt und in schöne neue Regelungen reformiert.

Neugierig geworden, entschied er sich, ein Gerät zu generieren

solche Muster . Seine ersten Entwurf bestand aus einem Rohr mit

Spiegelpaare an einem Ende mit Paaren von lichtdurchlässigen Platten mit

die anderen Perlen und zwischen den beiden. Brewster benannt

und patentierte seine Erfindung im Jahre 1817 und wählte renommierten

wissenschaftlichen Instrumentenmacher Philip Carpenter als einzige Hersteller . Es erwies sich bald als ein großer Erfolg sein

mit 200.000 Kaleidoskope in London und Paris verkauft

nur drei Monaten .

Brewster begann zu denken , dass er eine Menge Geld zu machen

aus seinem populären Erfindung. Doch bald jemand

erkannte, dass ein Fehler in seiner Patentanmeldung , GB 4136 ,

erlaubt anderen , frei zu kopieren. Offenbar ein Prototyp

war nach London Optiker gezeigt und vor kopiert

das Patent erteilt wurde. Als Ergebnis der Kaleidoskop

begann in großen Stückzahlen hergestellt werden, jedoch ergab keine

direkte finanzielle Vorteile für Brewster .

Ursprünglich als Werkzeug der Wissenschaft bestimmt ist, war das Kaleidoskop

später als Spielzeug verkauft. Sie wurden während der sehr beliebt

Viktorianischen Zeitalters als Salon Ablenkung. In den 1870er Jahren

einer der beliebtesten USA Kaleidoskop -Hersteller

war Charles Bush. Er patentierte seine Stube Kaleidoskop

im Jahre 1873. Diese Spielzeuge , die mit einem runden Sockel gemacht wurden

oder als seltener vierbeinigen Version sind jetzt sehr gefragt

von Sammlern .

Eine Wiederbelebung des Interesses an Kaleidoskope begann in den späten

1970er Jahre und im Jahr 1980 dazu beigetragen, eine Ausstellung Kraftstoff Interesse

sie als eine Kunstform. Heute gibt es Hunderte von großen

Kaleidoskop Hersteller und Künstler.

SURFBRETTER

Surfboards wurden in alten Hawaii erfunden , wo sie

waren besser als Papa he'e nalu bekannt, in der hawaiianischen

Sprache. In jenen Tagen , Surfen war eine zutiefst spirituelle Angelegenheit,

von der Kunst von den Wellen reiten selbst, zu beten

für eine gute Brandung und Rituale rund um das Gebäude einer

Surfbrett. Surfen war nicht nur für die Erholung gedacht, sondern

auch für die Schulung Häuptlinge und Lösung von Konflikten. Es gab

zwei Arten von antiken Surfbretter : Das Olo , 14-16 Meter lang

und nur von den Chefs oder Adligen geritten , und das Alaia ,

10-12 Meter lang und von den Bürgerlichen geritten. Beide waren unter Verwendung von Massivholz aus einheimischen Bäumen wie dem Wili

Wili , Ula und Koa und könnte mehr als 100 Pfund wiegen.

Sie hatten keine Flossen und nicht wendig. Die älteste

Surfbrett noch in der Existenz geht zurück bis 1778 und kann

in Hawaii Bishop Museum gefunden.

Durch die Mitte des 19. Jahrhunderts hatten viele westliche Missionare

kam in Hawaii und Surfen war fast ausgestorben . es

Erst Anfang des 20. Jahrhunderts , die Hawaiianer zusammen mit

Europäische und amerikanische Siedler begannen wieder surfen . ein

Anfang Surfer , George Freeth , experimentierte mit einer kürzeren

Board-Design durch Schneiden seiner 16 -Fuß- Hawaii- Board in der Hälfte.

Freeth wurde die erste Profi-Surfer , die Förderung ein

Eisenbahngesellschaft in Los Angeles, Kalifornien. Die nächste große Veränderung eingetreten im Jahr 1926 , als Tom

Blake entwarf die erste Hohl Surfbrett. Es wurde

von Redwood , hatte Hunderte von Löcher in sie gebohrt und war

mit dünnen Holzschichten auf beiden Seiten umhüllt. Blake

Hohl Surfbrett war sehr schnell im Wasser. Es wurde

sehr erfolgreich und im Jahr 1930 , war die erste Platte zu sein

Massenware . Blake erfand auch die "festen fin ' im Jahr 1935.

Dies war eine kleine Flosse auf die Unterseite der Platine angebracht

Surfer , damit besser zu manövrieren und geben den Boards

mehr Stabilität.

Bis 1932 , leichten Balsaholz aus Südamerika hatte

sich zu einem beliebten Material für den Bau Surfbretter . nach

Weltkrieg Fiberglas, Kunststoff und Styropor wurde

weit verbreitet. Ein Mann namens Pete Peterson baute den ersten

Fiberglas Bord im Jahr 1946. Während der späten 1950er Jahre , Hawaii

George Downing entwickelte das beliebte " Waffe " Surfbrett ,

für seine Fähigkeit zu " jagen " große Wellen benannt.

Shortboards , ca. 6 Meter lang, wurde während beliebt

die Ende der 1960er Jahre wegen ihrer leichten , Geschwindigkeit und

Wendigkeit. Sie wurden ursprünglich als " Taschen bekannt

Raketen und hatten oft zwei oder drei Finnen für mehr Stabilität

im Wasser. Heute billig " popout ' Shortboards , erfand

von australischen Shane Steadman in den 1970er Jahren dominieren die

Markt , obwohl traditionelle Langplattensind immer noch populär .

Jukeboxen

Münz- Musik-Boxen und Player- Pianos waren die

ersten Jukebox -ähnliche Geräte . Diese Geräte verwendete Papier

Rollen, Metallplatten oder Metallzylinder , ein Musik spielen

Auswahl der Instrumente in ihnen eingeschlossen. in

die 1890er Jahre sie von Maschinen, die musikalische verwendet verbunden waren

Aufnahmen anstelle von physikalischen Instrumenten.

Einer der frühen Vorläufer der modernen Jukebox war

von Louis Glass und William S. Arnold, der hatte

legte eine Münz- Edison Phonographen in der

Palais Royale Saloon in San Francisco im Jahre 1889. Dies war der

erste " Nickel -in- the- Slot " -Maschine. Es hatte keine Amplifikation und

Kunden hatten , die Musik mit einem der vier Hören hören

Rohre , so etwas wie akustisch Kopfhörer. Die Maschine

war beliebt und über 1000 $ innerhalb von sechs Monaten verdient.

Frühe Entwürfe Jukebox entriegelt den Mechanismus auf

Aufnahme einer Münze . Der Zuhörer musste dann eine Kurbel drehen

, um die Musik zu spielen. Die meisten Maschinen waren in der Lage,

hält nur eine Musikauswahl . Oft viele von ihnen

wurden zu hören Rohre befestigt und zusammen gelegt

Phonographen Salons. Dies erlaubt Kunden wählen

zwischen mehreren Datensätzen , die jeweils von einer eigenen Maschine gespielt.

Im Jahr 1918 patentiert , eine Vorrichtung , die Hobart C. Niblack Aufzeichnungen automatisch geändert.
Dies führte zu einer der ersten

Jukeboxen mit wählbarer Musik, eingeführt im Jahr 1927 von

Automated Musical Instrument Company.

Im Jahr 1928 , Justus P. Seeburg , die Herstellung wurde Spieler

Klaviere , kombiniert einen Lautsprecher mit einem Münz-

Plattenspieler und gab dem Zuhörer eine Auswahl von acht

Aufzeichnungen . Diese Audiophon Maschine hatte acht separate

Plattenspieler auf einem rotierenden Riesenrad -ähnliches Gerät montiert.

Solche verstärkten Jukeboxen könnte mit einem großen Wettbewerb

Orchester nur für die Kosten eines Nickel (5 Cent).

Der Begriff Jukebox in Gebrauch kam in den USA um 1940

und wurde von der gemeinsamen amerikanischen Begriff abgeleitet juke

gemeinsame , dh eine anrüchige Bar oder Diskothek .

Jukeboxen am beliebtesten waren aus den 1940er Jahren durch die

Mitte der 1960er Jahre . Bis Mitte der 1940er Jahre drei Viertel der die in Amerika produzierten Aufzeichnungen ging in Jukeboxen .

Sie spielten zunächst Musik auf Wachswalzen aufgezeichnet ,

die nacheinander von 78- rpm Schellack ersetzt wurden

Aufzeichnungen , 45 - rpm Schallplatten , CDs und MP3s. heute

Jukeboxen bleiben in Bars beliebt, aber herausgefallen

der Gunst mit dem, was einst ihre lukrativsten

Stellen - restaurants, Kasernen -, Video-

Arkaden und Waschsalons .

TENNIS BALLS

Das Wort Tennis kommt aus dem Wort Französisch TENEZ ,

Teney ausgesprochen , was bedeutete, " Stellung nehmen " oder

einfach beginnen. Das Spiel begann vor mehr als tausend Jahren

vor . Es wurde von Mönchen gespielt und als Jeu de Paume bekannt

oder der Handfläche der Hand. Der Schläger war ... Sie ahnen es ...

die Handfläche einer Hand , und der Ball wurde aus Holz.

Später Spieler verwendete Leder -Handschuhe und ein Lederball , genäht

mit Sehnen und mit allem, was zu mir kam gefüllt

Hand wie Stroh , Wolle und Haar - Tier oder Mensch !

Diese frühen Bälle nicht hüpfen , so dass das eigentliche Spiel

ganz anders als jetzt .

Die Entwicklung des Sports populär wurde mit Edelleute

und wurde als die höfische Spiel des wirklichen Tennis gespielt. Im Jahre 1480 ,

Louis XI von Frankreich verbot die Füllung der Tennisbälle mit

Kreide, Sand, Sägemehl, oder Erde und erklärte, dass sie

von guter Leder sein , gefüllt mit Wolle. Andere frühe

Tennisbälle wurden von Scottish Handwerker aus einem woolwrapped gemacht

Magen eines Schafes oder einer Ziege und mit einem Seil gefesselt .

Einige englische Tennisbälle aus dem 16. Jahrhundert

wurden aus einer Kombination von Kitt hergestellt und

menschliches Haar. Andere Versionen des 16. Jahrhunderts von Tier gemacht

Pelz, Strick aus tierischen Darm und Muskeln , und

Pinienwald im schottischen Burgen gefunden worden. Im 18. Jahrhundert wurden Streifen aus Wolle fest um eine Wund

Kern durch Rollen einer Anzahl von Streifen in eine kleine Kugel.

String wurde dann in viele Richtungen über den Ball gebunden und

ein weißes Tuch abdecken um ihn herum genäht.

In den frühen 1870er Jahren , die modifizierte Rasentennis

entstand in Großbritannien durch die bahnbrechenden Bemühungen von Major

Walter Clopton Wingfield und Harry Gem . Wingfield

vermarktet Tennis -Sets, die Vollgummikugelnenthalten

aus Deutschland importiert. Diese waren Licht und grau oder

in der Farbe rot ohne Abdeckung . Deren Tragen und Spielen

Eigenschaften wurden von ihnen mit Flanell für verbesserte

um den Gummikern genäht. 1882 war Wingfield

Werbung für seine Tennisbälle wie in dicken Tuch eingewickelt

in Melton Mowbray , England gemacht .

Der Ball wurde durch Herstellung des Kerns Hohl entwickelt ,

, und in den späten 1920er Jahren , die Druckerhöhung mit Gas . dies

Änderung führte zu großen Fortschritten in der Tennis , da die neue

Kugeln prallten höher und besser , so dass schneller Aufnahmen.

Seit 1972 sind offizielle Tennisbälle gelb eingefärbt

um die Sichtbarkeit im Fernsehen zu verbessern. Nur Wimbledon

widerstand diesen Schritt . Sie setzten die traditionelle verwenden

weißen Kugeln bis 1986.

Tischtennisbälle

Das Spiel der Tischtennis oder Ping - Pong entstand aus

Großbritannien in den 1880er Jahren , wo es als afterdinner gespielt

Gesellschaftsspiel . Es wurde vorgeschlagen , dass britische

Offiziere in Indien oder Südafrika zuerst entwickelt

das Spiel . Eine Reihe der Bücher wurden entlang der Mitte stand

der Tabelle als ein Netz, zwei weitere Bücher dienten als Schläger

und ein Golfballwurde von einem Ende der Tabelle, die getroffen

anderen und wieder zurück. Alternativ wurden die Schaufeln aus

Zigarrenkiste Deckel und die Kugeln aus der Sektkorken . früh

Schläger wurden oft Pergamentstücke gespannt auf

ein Rahmen , und erzeugt Klänge , die das Spiel hat seine

ersten Spitznamen der wiff - waff und Tischtennis. Letzteres war

weit vor dem britischen Spielehersteller J. Jaques verwendet

& Son Ltd geschützte es im Jahr 1901. Ping - Pong dann kam

auf das Spiel beschränkt werden mit der ziemlich teuer gespielt

Jaques Ausrüstung während andere Hersteller genannt

es Tischtennis. Eine ähnliche Situation ergab sich in den Vereinigten

Staaten, in denen Jaques verkaufte die Rechte an Spielzeughersteller

Parker Brothers.

Die in der ersten Tischtennis -Spielen verwendet Bälle waren

in der Regel aus Bindfaden, Zwirn , Gummi oder Kork. jedoch

Gummibälle prallte zu wild und Kork -Kugeln prallten

zu schlecht . Eine wichtige Neuerung im Spiel gemacht wurde von James Gibb, einem britischen Tischtennis -Enthusiasten. er

Neuheit entdeckt Bälle aus Zelluloid , ein früher

Kunststoff, auf einer Reise in die USA im Jahr 1901 und fand sie

ideal für das Spiel. Dies wurde von E. C. Goode gefolgt

, die im Jahre 1901 erfand die moderne Version des Schlägers

durch die Festsetzung eines Blatt Noppengummian der Holzblatt .

In den 1950er Jahren , Schläger , die einen zugrunde liegenden Schwamm aufgenommen

Schicht verändert das Spiel dramatisch , Einführung von mehr

Spin und Geschwindigkeit. Die Verwendung von Frischklebe erhöht den Spin

und Geschwindigkeit noch weiter. Im Jahr 2000 , dem Internationalen Tisch

Tennis Federation eingeleitet mehrere Änderungen in den Regeln ,

einschließlich der Erhöhung des Durchmessers der Kugeln 38

mm bis 40 mm. Diese Änderung erhöht ihre Luftwiderstand

und effektiv verlangsamt das Spiel , so dass es leichter

im Fernsehen zu verfolgen. , Erstellt jedoch der Umzug einige

Kontroversen. Die chinesische Nationalteam argumentiert, dass es

wurde lediglich dazu gedacht, nicht- chinesischen Spieler eine bessere geben

Chance zu gewinnen ! Heute , 40 mm offiziellen Ping-Pong- Bälle

2,7 g wiegen , werden aus einer hoch - Prellen luftgefüllten gemacht

Kunststoff und weiß oder orange gefärbt . In jüngster Zeit

Groß Ball Tischtennis , die noch langsamer ist, weil es nutzt

ein 44 mm Durchmesser Ball , hat sich auch populär geworden.

PINWHEELS

Ein Windrad ist ein einfaches Spielzeug des Kindes von einem Rad aus

Papier oder Kunststoff Locken, an einem Stock auf seiner Achse befestigt durch

ein Stift . Es ist ein Vorläufer komplexer whirligigs ,

im Volksmund als whirlygigs , Comic- Wetterfahnen genannt,

whirlijigs , und viele weitere ebenso interessante Namen.

Der erste Erfinder des Kettenkarussell oder Windrad ist nicht

bekannt , aber es hat eine lange Geschichte , die den Globus umspannt hat .

Wetterfahnen , die eng mit Windrädern verbunden sind , waren

zunächst zwischen 1800 und 1600 v. Chr. von Bauern und Matrosen

in Sumer . Es wird angenommen, dass das erste Karussell bekannten Spielzeug

Der Drache - Schmetterling, ein Propeller drehte aus Bambus

und durch Rollen eines gestartet stick- war in China erfunden worden

um 400 v. Chr. . Im 9. Jahrhundert , Iraner der Sassaniden

Reich wurden mit horizontalen Windmühlen für die Bewässerung,

so windgetriebenen whirligigs technisch möglich ist. Leider

keine Verwirbelung dieser Zeit hat abgesehen von einer überlebt

Egyptian String fahrende Puppe von 100 v. Chr. .

Zusammen mit den KornmahlenWindmühlen, und whirligigs

Windräder in den 1200er erreicht Europa . Der erste bekannte

visuelle Darstellung einer Europäischen Karussell enthalten

in einer mittelalterlichen Wandteppich , welches die Kinder spielen mit einem

Kettenkarussell . Whirligigs in der Form des Quer wurde

Mode in Gemälden des 15. und 16. Jahrhunderts , wie der Hieronymus Bosch Malerei, Christkind mit

Gehhilfe , circa 1480-1500 . Shakespeare verwendet

" Karussell " als Metapher für "was umhergeht, kommt

um " (Twelfth Night , Akt V -I) :

Feste : Und so wird das Karussell der Zeit bringt seine Rache .

Die erste aufgezeichnete Beweis für Windräder in den Vereinigten

Staaten : George Washington , die , so heißt es , durchgeführt im Zusammenhang

' Whilagigs Heim aus dem Unabhängigkeitskrieg . Die 1819

Veröffentlichung von Washington Irving von The Legend of Sleepy

Hohl erwähnt das Karussell als: " eine kleine Holz Krieger

, der mit einem Schwert in jeder Hand bewaffnet , war sehr tapfer

Kampf gegen den Wind auf dem Höhepunkt der Scheune. " 1929 ,

Personen wurden ihren Lebensunterhalt durch Crafting whirligigs als

Gartenverzierungen oder Kinderunterhaltung.

Heute Windräder in verschiedenen Größen und Formen gefunden werden

im ganzen Land, von Spielzeug - Verkäufer an und verkauft auch

Spielzeugläden , die als billige Spielzeug für Kinder. Künstler in

China bauen Windräder in verschiedenen Farben für die chinesischen

Neues Jahr. Menschen legen persönliche Nachrichten an der Außen

Klingen diese Windräder für den Wind zu fangen und zu verbreiten

auf das Universum als Wünsche für das folgende Jahr.

SCRABBLE

Die Geschichte von Scrabble beginnt während der Großen Depression ,

um 1931 , als Alfred Mosher Butts , eine out-of -work

Architekt aus Poughkeepsie , New York, beschlossen,

erfinden ein Brettspiel. Die Analyse der anderen Brettspiele in

der Markt , fand er, dass sie fielen in drei Kategorien:

Zahlenspiele wie Würfeln und Bingo, Spiele wie bewegen

wie Schach und Dame , und Wortspiele wie Anagramme .

Der Versuch, ein Spiel, dass beide die Chance nutzen würde erstellen

und Geschicklichkeit, Butts kombinierten Merkmale der Anagramme und die

Kreuzworträtsel. Zuerst genannt Lexiko , wurde später sein Spiel

genannt Criss -Cross Worte . Um auf Briefverteilungentscheiden ,

Butts studierte die Titelseite der Zeitungen wie beliebt

The New York Times, der New York Herald Tribune und The

Saturday Evening Post und tat sorgfältigen Berechnungen der

Brief Frequenz. Butts ' kryptographische Analyse von Englisch

und seine ursprüngliche Verteilung von Fliesen sind gültig blieb

seitdem.

Bis 1938 hatte Butts die grundlegende Entwicklung abgeschlossen

Criss-Cross Worte . Seit mehr als einem Jahrzehnt , zwickte er

und mit den Regeln gebastelt bei dem Versuch - und kontinuierlich

Fehler - , einen Sponsor zu gewinnen. Selbst die US-

Patentamt lehnte seinen Antrag nicht einmal, sondern zweimal.

Schließlich Butts wurde von James Brunot , einem Spiel – Kontakt liebende Unternehmer aus Newtown, Connecticut , der

war eines der wenigen Besitzer von einer der ursprünglichen kreuz

Überqueren Sie Wörter Sets. Brunot dachte , dass das Spiel sollte

vermarktet werden. Er kaufte die Rechte zur Herstellung der

Spiel im Austausch für die Gewährung Butts eine Lizenzgebühr auf jeden

Einheit verkauft. Obwohl er die meisten das Spiel verlassen (einschließlich

die Verteilung der Buchstaben) unverändert Brunot leicht

ordnete die "Premium" Quadrate des Vorstandes und

vereinfacht die Regeln. Er kam auch mit dem legendären

Farbschema - pastellrosa , babyblau , indigo, und hell

Rot und entwickelte die 50-Punkte- Bonus für die Benutzung aller sieben

Fliesen , um ein Wort zu machen.

Am wichtigsten ist, kam Brunot mit dem Namen Scrabble

Warenzeichen und die Marke Scrabble Kreuzworträtsel- Spiel

im Jahr 1948. Es gewann langsame, aber stetige Beliebtheit unter

eine vergleichende Handvoll der Verbraucher. Dann 1952 als

Legende hat es , Jack Strauss, war der Präsident der

Macy Kaufhaus , entdeckte das Spiel, während auf

Urlaub. Nach der Rückkehr zur Arbeit, war er überrascht,

feststellen, dass sein Geschäft nicht tragen es und legte einen großen Auftrag .

Innerhalb eines Jahres hatte jeder eine haben , bis zu dem Punkt , dass

Scrabble -Spiele wurden in Geschäften rund um die rationiert

US- Scrabble Heute hat sich zu einem der beliebtesten

Brettspiele der Welt.

MONOPOLY

Die Geschichte des Monopoly geht zurück auf die frühen zurückverfolgt werden

20. Jahrhundert. Die früheste bekannte Design wurde durch eine

Amerikaner namens Elizabeth Magie . Im Jahr 1904 patentiert sie

Des Vermieters Spiel mit einem pädagogischen Ziel -

um zu zeigen, dass die Mieten angereichert Eigentümern und

verarmten Mieter. Magie reichte ihre Erfindung

zu Spiel Firma Parker Brothers um 1910 , aber sie

zurückgegangen , sie zu veröffentlichen .

Eine verkürzte Version von Magie Spiel wurde gemeinsam

in den 1910er Jahren als Auktions- Monopoly . Es von Wort zu verbreiten

von Mund und wurde in verschiedenen Versionen gespielt hausgemachten

über die Jahre. Magie selbst patentiert eine überarbeitete Fassung

Straßennamen enthalten , dass im Jahr 1924. Daniel Layman begann

Verkauf einer Version namens Die faszinierende Spiel der Finanzen,

später einfach finanzieren , im Jahr 1932. Ruth Hoskins erfuhr die

Spiel von Layman und entwickelte ein neues Board mit

Atlantic City Straßennamen . Dieses Board war der, gelehrt

Charles E. Todd, einem Hotel -Manager in Germantown,

Pennsylvania. Todd wiederum lehrte Esther Darrow , Frau

eines Kaminofens Verkäufer aus Philadelphia namens

Charles Darrow .

Nach dem Lernen, das Spiel begann Darrow zu verteilen sich als Monopoly . Er schickte es an Parker Brothers im Jahre 1934.

Sie lehnten es als ' mit zweiundfünfzig grundlegende Design-

Fehler " , und da " zu kompliziert, zu technisch, [und]

dauerte zu lange , um zu spielen . " Bis 1935 jedoch gehört das Unternehmen

über ausgezeichnete Verkaufs Monopoly und kaufte die Rechte von

Darrow . Später in diesem Jahr werden sie sich bewusst, dass Darrow

hatte das Spiel von einem Freund kopiert. Sie kauften dann

Magie der 1924 Patent-und Urheberrechte anderer kommerzieller

Varianten des Spiels , wie zum Beispiel Finanzen , Inflation, Big Business,

Easy Money , und Fortune auf zukünftige rechtliche Herausforderungen zu verhindern.

Monopoly wurde zuerst auf einer breiten Skala von Parker vertrieben

Brothers im Jahr 1935. Sie wechselten einige der Regeln , wie

als Zugabe " kurzen Spiel " und " Zeitlimit " Regeln und wurden

Herstellung 20.000 Exemplare des Spiels innerhalb eines Monats. es

wurde schnell die beliebteste Brettspiel in Amerika

und dann die Welt. Fast 200 Millionen Monopoly -Spiele

Bisher wurden verkauft.

Wussten Sie schon?

Im Zweiten Weltkrieg schuf der britische Secret Service

eine Sonderausgabe von Monopoly für Kriegsgefangene gehalten

durch die Nazis. Innerhalb dieser Spiele Hidden waren Karten,

Kompasse, echtes Geld und andere Objekte nützlich für die Flucht .

Diese spezielle Spiele wurden den Gefangenen verteilt

gefälschte Wohltätigkeitsorganisationen .

Frisbees

Die Frisbie Baking Company in Bridgeport gestartet wurde ,

Connecticut durch amerikanische Geschäftsmann William Russell

Frisbie . Es verkaufte Kuchen im Licht Blechpfannen mit Frisbie gestempelt

im Relief auf der Unterseite. Hungry College-Studenten in New

England schließlich entdeckt (vielleicht um 1940), die

die leere Kuchenformen oder Cookie -Zinn- Deckel konnte geworfen werden und

gefangen und bietet endlose Stunden " Frisbie - ing " Spaß.

Inzwischen ein Los Angeles Bauinspektor benannt

Walter Frederick Morrison hatte einen Markt für entdeckt

die heutige Flugscheibe in 1938, als er und Zukunft

Frau Lucile wurden 25 Cent für eine Kuchenform angeboten , dass sie

hin und her zu einander am Strand in Werfen

Santa Monica , Kalifornien. " Das hat sich die Räder drehen ,

weil Sie eine Kuchenform für 5 Cent kaufen kann , und wenn

Menschen am Strand waren bereit, ein Viertel für sie zahlen,

gut, es war ein Geschäft ", sagte Morrison im Jahr 2007.

Nach dem Zweiten Weltkrieg skizziert Morrison einen Entwurf für ein

aerodynamisch verbesserte Flugscheibe , die er als die

Whirlo - Way . Im Jahr 1948 , Morrison und sein Partner Warren

Franscioni erfand eine Kunststoff-Version , die weiter fliegen konnte

mit viel bessere Genauigkeit und nannte sie die Flyin - Saucer .

Nach weiteren Design- Verbesserungen im Jahr 1955 , begann Morrison Produktion einer neuen CD , die er nannte den Pluto Platter

um auf die wachsende Popularität von UFOs mit dem Bargeld in

Amerikanische Öffentlichkeit. Der Pluto Platter hat die Grund werden

Design- Prototyp für alle Frisbees .

Richard Knerr und Arthur K. " Spud " Melin waren die

Besitzer einer Spielzeugfirma namens " Wham-O " , die sie

begann in einer Garage in San Gabriel , Kalifornien, im Jahr 1948. Sie

Morrison überzeugt , ihnen die Rechte an seinem Design verkaufen

und begann mit der Produktion von mehr Pluto Platters im Jahr 1957.

Knerr begann auch die Suche nach einem eingängigen neuen Markennamen

zu helfen, Umsatz zu steigern. Er hörte von der ursprünglichen Verwendung von

die Begriffe " Frisbie " und " Frisbie - ing ' von College-Studenten

in New England und aus den beiden Wörtern geliehen, um

schaffen die eingetragene Marke Frisbee .

Edward E. ' Steady- Ed Headrick war eine andere wichtige Person

hinter dem Erfolg von Frisbees . Er war ein amerikanischer

Erfinder, der für Wham-O gearbeitet . Headrick neu gestaltet

die Pluto Platter , die Schaffung eines steuerbaren Disc,

könnte genau geworfen werden. Umsatz sprunghaft angestiegen und die

neuen Design wurde die Grundlage der meisten modernen Frisbees .

Headrick später Pionier Freestyle Frisbee und Frisbee

Golf . 1967 Schülerinnen und Schüler in Maplewood , New

Jersey erfand die Sportart Ultimate Frisbee . Heute ist es

in mindestens 42 Ländern gespielt.

BINGO

Die Geschichte von Bingo und ähnliche Spiele wie Housie ,

Tombola und Keno kann bis 1530 zurückverfolgt werden, zu einem staterun

Italienischen Lotterie namens Lo Giuoco del Lotto d' Italia ,

, die jeden Samstag in Italien immer noch gespielt wird. von Italien

wurde das Spiel nach Frankreich in den späten 1770er Jahren eingeführt ,

, wo es hieß Le Lotto gespielt und unter der

Reichen. Diese Lotterie -Typ- Bingo-Spiel wurde bald ein

Begeisterung in ganz Europa. Die Deutschen spielten auch eine

Version des Spiels in den 1850er Jahren , aber sie nutzten sie als eine

Bildungshilfe , die Schüler lernen, Rechtschreibung, Tier

Namen und Multiplikationstabellen .

Wenn das Spiel im frühen 20. erreichte Nordamerika

Jahrhundert wurde es als Beano bekannt. Es war ein Jahrmarkt

Spiel, wo ein Händler würde nummerierte Scheiben aus einer Auswahl

Zigarrenkiste und Spieler würden ihre Karten mit Bohnen markieren.

Sie schrien beano , wenn sie gewonnen haben. Hugh J. Ward standardisiert

das moderne Spiel bei Volksfesten rund um Pittsburgh,

Pennsylvania in den frühen 1920er Jahren.

Eines Abends im Dezember 1929 , ein New Yorker Spielzeugverkäufer

namens Edwin S. Lowe kam auf einer Land Karneval

in der Nähe von Jacksonville , Florida. Alle Stände waren Karneval

geschlossen mit einer Ausnahme , die mit Menschen gefüllt war . Die Aktion auf einem hufeisenförmigen Tisch abgedeckt zentriert

nummeriert Kartonbögen , Gummi Nummerierung Briefmarken,

und getrocknete Bohnen. Das Spiel gespielt war eine Variation

Lotto namens Beano mit Ward- Regeln . Lowe versucht,

Beano spielen in dieser Nacht aber , erinnert er sich, " ich konnte nicht einen Platz zu bekommen

... Die Spieler praktisch süchtig nach dem Spiel . "

Wieder zu Hause nach New York, begann Lowe Durchführung

beano Spiele ähnlich wie die, die er erlebt hatte . seine

Freunde liebten sie. Bald werden sie mit Beano spielten

die gleiche Spannung und Aufregung , als er die gesehen hatte,

Karneval. Während einer Sitzung , einer der Gewinner sprang

Sie wurde stumm , und statt schreien Beano

stotterte B -B -B- BINGO! Lowe sagte später , dass dies die

Moment , als er beschloss , das Spiel zu vermarkten , wie Bingo .

Bingo war ein sofortiger Erfolg und legte Firma Lowe

und ganz auf seine Füße. Die größte Bingo- Spiel in der Geschichte

wurde in den 1930er Jahren in der New Yorker Armory Teaneck gespielt -

60.000 Spieler , mit einem anderen weg zu 10.000 einge

die Tür , und 10 Autos weg als Preise gegeben . durch die

1940er Jahre , Bingo-Spiele wurden überall in den USA gespielt

Heute, mehr als 90 Millionen US-Dollar auf Bingo jede Woche verbrachte

allein in Nordamerika .

DRACHEN

Drachen wurden vor rund 2.800 Jahren entwickelt

in China. Die erste Kite kann erstellt wurden

Mo Di , ein berühmter Philosoph, der gesagt wird, gemacht haben

ein Adler -förmigen Drachen mit Holz. Südsee- Insulaner

habe auch seit sehr frühen Zeiten verwendet Drachen zum Angeln.

Früher wurden Drachen für militärische Zwecke verwendet . für

Beispiel, um 200 v. Chr. chinesischen General Han Hsin flog

ein Kite in den Mauern einer schwer bewachten Burg und verwendet

Geometrie , um festzustellen , wie weit seine Armee zu haben,

Tunnel in der Vergangenheit die Abwehrkräfte zu erreichen.

Drachenfliegen schließlich von China nach Korea und verbreiten

Indien. Die frühesten Zeugnisse der indischen Drachenfliegen kommt

von MiniaturmalereienMoghul-Ära . In Thailand , jede

Monarch einen Drachen für sich selbst entworfen haben .

Es gibt viele Theorien, wie der Kite eingeführt wurde

in die europäische Gesellschaft . Marco Polo eingeführt haben

es im späten 13. Jahrhundert. Alternativ Segler aus

Japan und Malaysia haben auch so im 16. getan

und 17. Jahrhundert. Kites waren spät, um in Europa ankommt, aber

durch die 18. und 19. Jahrhundert wurden sie als verwendet

Fahrzeuge für die wissenschaftliche Forschung. Im Jahre 1749 , Schottische Wissenschaftler

Alexander Wilson und sein Schüler verwendet einen Zug von Drachen zu gleichzeitig messen
Lufttemperatur auf verschiedenen Ebenen

über dem Boden. Im Jahre 1750 , Benjamin Franklin veröffentlicht

ein Vorschlag , dass die Blitz beweisen, ist Strom durch Fliegen

ein Drachen .

Im Jahr 1822 , Englisch Lehrer und Erfinder George

Pocock verwendet ein Paar von Drachen in einer einzigen Zeile 1500 bis 1800

Meter lang , einen Schlitten, der mehrere Passagiere an ziehen

Geschwindigkeiten bis zu 20 Meilen pro Stunde. Da Kfz-Steuern an

Die Zeit wurden auf der Anzahl der Pferde eine Schlitten basierend

verwendet wurde, wurde von Pocock keine Maut zahlen befreit.

Im Jahr 1898 , machte Guglielmo Marconi die erste erfolgreiche drahtlose

Übertragung über Wasser von der Insel Flat Holm in der

Bristol Channel , indem Sie einen Drachen zu heben seine Antenne. Im Jahr 1899 , dem

Gebrüder Wright baute eine kleine Kite wendig , um zu überprüfen

ihre Ideen von Flügelschärin Flugzeugsteuerung . Dies spielte eine

direkte Rolle in der erfolgreichen Motorflug im Jahr 1903.

Mann - HebekastendrachenAmerikaner Samuel Franklin Cody

wurden im Jahr 1901 eingeführt und wurden von den Briten genutzt

Armee im Ersten Weltkrieg Artilleriebeobachtungs ersetzen

Luftballons. Die Deutschen auch diese verwendet werden, um Drachen zu erhöhen

der Sichtbereich von oberflächen Kreuzfahrt U-Boote. in

1999 verwendete ein Team Kite Macht, Schlitten bis hin zu ziehen

der Nordpol !

Rollschuhe

Eislaufen ist seit langem eine beliebte Methode des Reisens

auf zugefrorenen holländischen Grachten im Winter, aber einem unbekannten niederländischen

Erfinder im frühen 18. Jahrhundert wollte in der Skate-

Sommer. Er nagelte Holzspulenauf Holzleisten und

befestigt sie an seine Schuhe, so entdecken Trockenen

Skaten oder Skeeling .

Die erste aufgezeichnete Rollschuh- Erfinder war ein belgischer

namens John -Joseph Merlin . Im Jahre 1760 zeigte er eine

primitive Inline-Skate mit Metallräderund sogar besucht

eine Maskerade Partei , während das Tragen eines seiner neuen metalwheeled

Stiefel. Zu wollen, einen großen Auftritt , Merlin machen

rollte , während die Violine spielt . Allerdings stürzte er in

die Wandlängen - Spiegel, die den Ballsaal gefüttert , was zu

schweren Verletzungen und führt ihn , seine Erfindung zu verlassen.

Das erste Patent für eine Rollschuh -Design wurde in Frankreich ausgestellt

zu einem M. Petitbled 1819 . Es wurde von einem Holzsohle, dass

an der Unterseite eines Schuhs befestigt ist, ausgestattet mit zwei bis vier

Walzen von Kupfer , Holz oder Elfenbein gefertigt und in einem angeordneten

einzige gerade Linie . Im Jahr 1823 , Robert John Tyers , ein Obstverkäufer

in Piccadilly , London, patentiert ein skate genannt Volito ,

als eine " Vorrichtung , Stiefel befestigt werden ... für die beschriebene

Zweck der Reisen oder zum Vergnügen. " Diese frühen Schlittschuhe waren nicht sehr wendig , aber Experten Eisläufer konnten

replizieren einige ihrer Bewegungen auf sie. Große öffentliche Eislaufen

Eisbahnen geöffnet in mehreren europäischen Städten, die von den 1850er Jahren.

Die vier Rädern drehen Rollschuh -oder Quad- Skate , machte

mit vier Rädern in zwei nebeneinanderPaare gesetzt , war der erste

im Jahr 1863 entworfen , in New York City, nach amerikanischen Erfinder

James Leonard Plimpton in einem Versuch, auf zu verbessern

früheren Entwürfen . Das Design erlaubt einfacher Wendungen und

Manövrierbarkeit, einschließlich der Fähigkeit, rückwärts Skate

und plötzlichen Stopps machen , und dies führte zu , dass es ein riesiges

Erfolg. Als Ergebnis wurde Plimpton als Vater bekannt

des modernen Rollschuhlaufen .

Rollschuhe wurden in Amerika von Massenware

die 1880er Jahre . Im Jahr 1884 erhielt Levant M. Richardson ein Patent

für den Einsatz von Stahl-Kugellager in Skate-Rollen , was zu

in leichter Skates mit reduzierter Reibung. Das Design der

Quad- Skate blieb danach im Wesentlichen unverändert

und dominierte die Industrie für mehr als ein Jahrhundert.

Schließlich Inline-Skates mit einer einzigen Reihe von Rädern

populär wurde . In den 1980er Jahren , die Brüder Scott und Brennan

Olson, Minneapolis, Minnesota und begann mit der Ausarbeitung

Verkauf von Inline-Skates, Rollerblades genannt , vorgesehen , dass ein

sehr glatte Fahrt , vor allem im Freien. Heute sind solche Skates

dominieren den Markt .

TEDDY

Theodore Roosevelt , besser bekannt als Teddy Roosevelt bekannt ,

der 26. Präsident der Vereinigten Staaten, ist die Person,

für die Gewährung der Teddybär seinen Namen verantwortlich. Roosevelt

half, einen Grenzstreit zwischen den USA absetzen

Bundesstaaten Mississippi und Louisiana. Am 14. November 1902

er nahm an einer Bärenjagd in Mississippi , wenn einige

seiner Begleiter in die Enge getrieben , geprügelt , und band einen amerikanischen

Black Bear an einer Weide nach einem langen, anstrengenden Jagd

mit Hunden. Roosevelt weigerte sich, den verwundeten Bären schießen

sich selbst und sagte , es wäre unsportlich , aber bestellt

es , getötet zu werden , um es von seinen Qualen zu erlösen . Zwei Tage später , The

Washington Post einen Leitartikel von der politischen Karikatur

Clifford K. Berryman Karikaturist genannt Drawing the Line in

Mississippi , die sowohl die Staatsgrenze und zeigte Streit die

Bärenjagd . Die Karikatur und der Geschichte, die es erzählt wurde populär

und innerhalb eines Jahres , erschien der Teddybär Spielzeug.

Niemand ist wirklich sicher, wer den ersten Teddybären gemacht .

Die beliebteste Geschichte beinhaltet Michtom Morris , der

besaß eine kleine Neuheit und Süßwarenladen in Brooklyn, New

York. Als seine Frau Rose erstellt ein wenig ausgestopften Bären

Junges aus Plüsch und Holzwolle mit schwarzen Schuh fertig

Knopfaugen. Bald danach, gehört zu Michtom

Berryman Karikatur und legte den Bären in seinem Schaufenster für die Anzeige. Viele Kunden begann dann zu erkundigen

Kauf. Sensing eine Geschäftsgelegenheit , schickte Michtom

ein bis Roosevelt, erhielt die Erlaubnis, seinen Namen zu benutzen

und beginnt mit dem Verkauf des Teddybären . Die Spielzeuge waren ein

unmittelbaren Erfolg . Innerhalb eines Jahres gegründet Michtom die

Ideal Novelty und Spielzeug , das zu werden, war

einer der größten Spielzeughersteller der Welt.

Etwa zur gleichen Zeit in Giengen , Deutschland, den Steiff

Firma produziert einen ausgestopften Bären nach Entwürfen von Richard

Steiff . Es wurde auf der Leipziger Spielwarenmesse März ausgestellt

Jahr 1903. Dort, Hermann Berg, ein Käufer für eine amerikanische Spielzeug

Unternehmen , sah es sofort bestellt und 3000 zu richten an

in den Vereinigten Staaten . Die Steiffs dann verkauft 12.000 Bären auf

der Saint Louis Weltausstellung im Jahr 1904 und erhielt die Gold

Medaille , die höchste Auszeichnung bei der Veranstaltung. Diese Art von Spielzeug

Bär wurde auch mit Geschichten über Präsidenten verbunden

Roosevelt und wurde als Teddy bekannt.

1906 , andere als Michtom und Steiff -Hersteller

in angeschlossen hatte und die Begeisterung für Roosevelt Bears war

Damen , so dass sie überall durchgeführt , waren Kinder

fotografiert mit ihnen, und Roosevelt wurde mit einem als

ein Maskottchen in seinem Angebot für Wiederwahl.

FOTO

Fotoapparate sind auf der Camera obscura basiert,

das geht zurück auf die alten chinesischen und Griechen. es

verwendet eine Lochkamera oder Objektiv , eine Upside-Down- Bild projizieren

die Szene draußen. Im Jahre 1685 baute die deutsche Johann Zahn

erste Kamera obscura , die klein und handlich genug war

praktisch für die Fotografie zu sein , mehr als 150 Jahre vor

Fotografie erfunden wurde .

Es war der Franzose Joseph Niépce , die die frühesten nahm

bekannte Fotografien, gegen 1827 . Andere Erfinder

erfunden besser fotografischen Verfahren , Daguerreotypien

Kalotypien und bald darauf . Aber das fotografische

Prozesse noch auf ähnlich Zahn Kameras auf Basis

Modell des 17. Jahrhunderts. Diese hatten eine Sliding- Box-Design mit

das Objektiv im vorderen Feld platziert , und eine zweite , leicht kleineren Feld dahinter , die zum Fokussieren bewegt werden konnte.

Der mechanische Verschluss wurde in den 1870er Jahren erfunden , die

für kürzere Belichtungszeiten erlaubt.

Fotografische Filme , die ursprünglich aus Papier und später

Zelluloid , wurde von amerikanischen George Eastman in Pionier

Jahr 1885. Seine ersten erfolgreichen Kamera, der Kodak, ging auf Verkauf

im Jahre 1888 . Es war eine einfache und kostengünstige Box-Kamera mit

ein Fixfokus- Objektiv, eine einzelne Verschlusszeit und genügend Film für 100 Aufnahmen. Im Jahr 1900 startete die Brownie Eastman ,

eine noch einfachere und billigere Box-Kamera , die bald

sehr beliebt. Der Brownie aktiviert verbreiteten Amateur

Fotografie wie Snapshots und Ansichtskarten.

Oskar Barnack , der an der deutschen Firma Leitz arbeitete ,

erfunden Kompaktkameras, kleine Negative verwendet werden, wie

als 35mm -weiten Kinofilm . Leitz startete die weltweit

ersten 35-mm- Kamera, der Leica I, im Jahre 1925. A Single-Lens

reflex SLR , verwendet die Kamera eine eigene Linse, um genau in der Vorschau

was fotografiert werden. Die erste SLR-Kamera,

verwendet 35mm-Film war die Kine Exakta von 1936.

Die Polaroid Modell 95 , das weltweit erste Sofortbildkamera ,

wurde von dem amerikanischen Erfinder Edwin Land entwickelt und

im Jahr 1948 ins Leben gerufen. Es produzierte Fertig positive Drucke

von belichteten Negative in weniger als einer Minute. die

erste kostengünstige Polaroid -Kamera, die Swinger Modell 20

im Jahr 1965 ins Leben gerufen , war ein großer Erfolg und bleibt eine

der Top -Selling- Kameras aller Zeiten. Fuji führte die

allseits beliebten Einweg-oder Einwegkameras im Jahr 1986.

Mit dem Aufkommen der modernen Digitalkameras , die eine Verwendung

elektronischen Bildsensor und Speicher , um Bilder zu erfassen

anstelle eines fotografischen Films , Analog -oder Filmkameras haben

fast vollständig vom Markt verschwunden .

Blitzgeräte

Fotografie mit künstlichem Licht geht zurück auf 1839

wenn L. Ibbetson verwendet Sauerstoff-Wasserstoff- Licht, auch bekannt

als Rampenlicht , beim Fotografieren von mikroskopischen Objekten .

Allerdings wurden die resultierenden Bilder scharf beleuchtet und

zeigte kalkweiß , blasse Gesichter.

Félix Nadar , ein Französisch Fotograf und Journalist ,

fotografierte die Kanalisation von Paris mit nur mit Batteriebetrieb

Beleuchtung. Aber es war nicht bis 1877 , dass Henry Van

der Weyde eröffnete das erste Studio mit elektrischem Licht

London. Angetrieben von einem gasbetriebenen Dynamo, genug hatte es

Licht auf Forderungen von nur zwei bis drei Sekunden zu ermöglichen.

Die Notwendigkeit für noch kürzere Expositionen führten zur Verwendung von

Magnesium, die schnell hochentzündlich und brennt ist

mit einem hellen Lichtblitz . Bis 1864 , Magnesium und Drähte

Bänder waren auf Verkauf. Das Metall wurde in ein Uhrwerk verbrannt

Lampen mit Reflektoren. Jedoch war , da häufig brenn

unvollständig, eher Forderungen an erheblich variieren. die

Verfahren war auch unsicher und veröffentlicht eine Menge Rauch und

Asche. Dennoch blieb beliebt Magnesium- Lampen

durch die 1880er Jahre .

1887 Adolf Miethe deutschen Chemiker und Johannes Gaedicke gemischt feinen Magnesiumpulver mit Kalium

Chlorat, ein Oxidationsmittel , um Blitzlicht zu erzeugen. war

der erste weit verbreitete Flash- Pulver. Blitzlicht hatte die

Möglichkeit, Fotos in der Nacht mit sehr hoher produzieren

Verschlusszeiten und wurde sehr beliebt. Jedoch die

Kombination führte manchmal zu Explosionen , die verursacht

einige sehr schwere Unfälle .

Amerikaner Joshua Cohen erfand das Blitzlicht im Jahr 1899.

Es verwendete Trockenbatterien , um Flash elektronisch entzünden

Pulver. In 1929, dem Vacublitz , die erste echte Blitzlampe ,

wurde in Deutschland von der Firma Hauser eingeführt. es

war ähnlich Cohens Erfindung, sondern verbrannt Aluminium

Folie in einem Glaskolben . Blitzröhren waren sicher , geräuschlos und

rauchfreien . In den 1930er Jahren mit synchronisierten , wurden sie

Kameraverschlüsse , so dass der Blitzfotografie noch einfacher

für Amateure. Jede Lampe nur einmal, so dass durch die verwendet werden,

Anfang der 1960er Jahre damit begonnen, Unternehmen hatten mehrere Glühbirnen verpacken

in einer Einheit , wie Kodak flashcube , die vier hatte .

Im Jahr 1931 , Harold 'Doc' Edgerton von MIT produzierte die

ersten elektronischen Blitzröhre . Elektronische blinkt mit einem hohen

Spannung , um einen elektrischen Lichtbogen durch Xenongas zu erzeugen

in einem Glasrohr . Sie sind kostengünstig , Akkus und

ihre Intensität kann leicht gesteuert werden. Heute haben diese

Blitzlampen komplett ersetzt .

SICHERHEITSGURTE

Einer der ersten Fälle der Verwendung von Sicherheitsgurten passiert

während des frühen 19. Jahrhunderts, als der berühmte englische

Ingenieur und Flieger Sir George Cayley erfand eine Art

der Sicherheitsgurt für den Einsatz in seinem Segelflugzeug. Auch wenn Edward J.

Claghorn von New York erhielt den ersten Sicherheitsgurt Patent in

1885 wurde seine Erfindung gedacht, von Malern verwendet werden, und

Feuerwehrleute, nicht Automobil Passagiere. Im Jahr 1911 , American

Flieger Benjamin Foulois entwickelt einen Kabelbaum für die Sitz

seiner Wright Flyer Signal Corps ein Flugzeug . Er wollte, dass es

halten Sie ihn fest in seinem Sitz , so dass er besser kontrollieren konnte seine

Flugzeug auf den rauen Felder für Start und Landung benutzt .

Allerdings war es nicht bis zum Zweiten Weltkrieg, dass Sicherheitsgurte

wurde in Militärflugzeugen Standard.

In den 1930er Jahren ausgestattet mehrere amerikanische Ärzte

ihre eigenen Autos mit Zwei-Punkt " Beckengurte " und begann drängen

Hersteller, um sie in allen neuen Autos , aber mit wenig bieten

Erfolg. Im Jahr 1954 jedoch der Sports Car Club of America ,

Jetzt NASCAR , machte Beckengurten obligatorisch für alle Fahrer

während der Autorennen . Im nächsten Jahr, Dr. C. Hunter Shelden

Pasadena , Kalifornien, vorgeschlagen, nicht nur die einziehbare

Sicherheitsgurt , sondern auch vertiefte Lenkräder , Stahl

Dächer , Überrollbügel , Türschlösser, und passive Beschränkungen wie

Airbags , um Fahrzeugsicherheit zu verbessern. Verschiedene medizinische , Polizei und Automobilindustrie Verbände auf der ganzen Welt auch

begann befürworten Sicherheitsgurte um diese Zeit. amerikanischen Auto

Hersteller Nash (1949) , Ford (1955) und Chrysler (1956)

begann mit Sicherheitsgurten als Optionen , während die schwedische Saab

eingeführt Beckengurte als Standard im Jahr 1958. Zahlreiche Ford

Anzeigen der Zeit prominent neue

Lifeguard - Sicherheits-Features einschließlich Sicherheitsgurte.

Das moderne Drei-Punkt ' Schoß und Schulter ' Gurt einsetzbar

in den meisten Consumer- Fahrzeuge heute wurde 1955 von patentierten

der Amerikaner Roger Griswold und Hugh DeHaven . dies

Modell wurde weiter auf der schwedischen Erfinder verbessert

Nils Bohlin für schwedische Autohersteller Volvo, die

führte sie als Standard-Ausrüstung im Jahr 1959. Neben

der Gestaltung des Drei- Punkt-Gurt, demonstriert seine Bohlin

Wirksamkeit in einer Studie mit 28.000 Unfälle in Schweden. in

1962 er ein US-Patent für das Gerät erteilt wurde . Solche Bänder

wurde ein Standard- Sicherheitseinrichtung in den meisten Autos von den 1970er Jahren.

Im Jahr 1963 verabschiedete der US- Kongress ein Gesetz erforderlich

Alle Autos , die mit bestimmten Sicherheitsstandards.

Die weltweit erste Sicherheitsgurt Gesetz wurde im Jahr 1970 gelegt ,

im Bundesstaat Victoria , Australien, die sie zwingt

für Fahrer und Beifahrer . Heute sind die meisten Teile

der Welt haben solche Gesetze . Im Jahr 2002 geschätzt , dass Volvo der Sicherheitsgurt hatte bereits über eine Million Menschen das Leben gerettet .

Scheibenwischer

Der Erfinder Mary Anderson von Birmingham, Alabama

mit Ausarbeitung des ersten Operationswindschutzgutgeschrieben

Wischer im Jahr 1903. Auf einem Einfrieren , nasse Winter Tag rund um die

Jahr 1900 wurde Anderson bei einem Besuch in der Fahrt mit der Straßenbahn

New York City , als sie bemerkte , dass der Fahrer konnte

kaum durch seine Schneeregen verkrusteten vordere Windschutzscheibe zu sehen.

Frontscheibe des Wagens wurde in Teile aufgeteilt , so dass die

Fahrer könnte es zu öffnen, bewegen Sie den Schnee oder regen bedeckten

Abschnitt aus seinem Blickfeld , aber dieses System funktioniert

sehr schlecht . Es ausgesetzt unbedeckten Gesicht des Fahrers, nicht

zu erwähnen, alle Passagiere nach vorne sitzen ,

des schlechten Wetters und nicht seine Fähigkeit zu sehen, zu verbessern

wo er im Begriff war , auf jeden Fall.

Anderson begann, ihre Wischvorrichtung skizzieren genau dort

in der Straßenbahn . Nach einer Reihe von Fehlstarts , kam sie

mit einem Prototyp, der aufgearbeitet eine Reihe von Wischerarme

, die aus Holz und Gummi hergestellt und an A gebunden wurden

Hebel in der Nähe des Lenkrades von der Fahrerseite. Wann

der Fahrer zog den Hebel , sie zog sich die federbelastete

Arm über das Fenster und wieder zurück, Wegräumen

Regentropfen , Schneeflocken oder andere Verunreinigungen .

Anderson hatte ein Modell von ihr Design hergestellt und dann eine Patentanmeldung , US 743.801 , das war sie eingereicht

am 10. November 1903 veröffentlicht. In ihrer Patent-, Anderson

rief ihre Erfindung eine Fensterreinigungsvorrichtung für elektrische

Autos und andere Fahrzeuge . Sie versuchte dann , das Interesse

Unternehmen in die Produktion des Gerätes. Leider

Menschen, spottete ihr Erfindung , sagen, dass die Wischer "

Bewegung würde den Fahrer ablenken und zu Unfällen führen ,

und schließlich das Patent abgelaufen.

Amerikaner John R. Oishei bildeten die Tri -Continental

Corporation in 1917, die die erste Windschutzscheibe eingeführt

Scheibenwischer, Regen Gummi, für den geschlitzten , zweiteiligen Windschutzscheiben

viele der Autos der Zeit gefunden. diese

frühen mechanischen Scheibenwischer betätigt werden musste

von Hand. Entweder der Fahrer oder ein Passagier musste arbeiten ein

Kurbel , um die Scheibenwischer hin und her gehen !

Erfinder William M. Folberth ein Patent für ein

automatische Scheibenwischer Gerät im Jahr 1919 , das war

im Jahr 1922 gewährt . Die Scheibenwischer wurden durch einen Luftmotor angetrieben ,

ein Gerät durch ein Rohr mit dem Einlassrohr des Fahrzeugs verbunden ist

Motor . Der neue Vakuum - System versorgt wurde schnell

Standard-Ausrüstung auf Autos , und war bis

über 1960. Moderne elektrische Scheibenwischer, an die Spitze der beigefügten

die Windschutzscheibe , wurden von Bosch bereits 1926 geschaffen, aber

wurden ursprünglich nur für Luxus-Modelle vorbehalten.

KREDITKARTEN

Im Jahre 1730 , Christopher Thompson , ein englischer Möbel

Kaufmann, schuf die erste bekannte Werbung für Kredit

indem sie Möbel, die vom normalen bezahlt werden konnte. seine

Idee wurde aufgegriffen und bis Anfang des 20. Jahrhunderts von verwendet

tallymen . Tallymen verkauft Kleidung, die Kunden könnten bezahlen

in kleinen wöchentliche Zahlungen . Sie hielten eine Strichliste , was die Leute

hatte auf Holzstäbchen mit Kerben markiert gekauft .

In den späten 1800er Jahren routinemäßig ausgetauscht Händlern

Waren auf Kredit , mit Kredit -Münzen und Handeln Ladungsplatten

als Währung . In den frühen 1900er Jahren , die amerikanischen Ölgesellschaften

und Kaufhäusern begann die Ausstellung proprietäre Karten

, die nur auf ihr eigenes Unternehmen angenommen wurden. dies

Kreditsystem machte einen Schritt vorwärts in 1914, als West

Union gab einige ihrer Stammkunden Metall Geld ,

ein Metall- Karte, die für zinslose Stundungen verwendet werden könnten

auf ihre Zahlungen . Anderen Industrien wie Erdöl,

Telefone , Eisenbahnen und Fluggesellschaften begannen , die ähnliche

Karten für die Öffentlichkeit in den 1930er Jahren .

Die USA während verbot alle Kredit-und Debitkarten

Weltkrieg. Allerdings begann das Geschäft boomt

wieder, sobald der Krieg vorbei war . Die erste Bankkarte,

benannt Lade Es wurde 1946 von John Biggins eingeführt , ein Banker in Brooklyn , New York. Käufe konnte nur
lokal hergestellte und Karteninhaber hatte ein Konto bei haben
Biggins ' Bank.
Im Jahr 1949 , ein Mann namens Frank McNamara hatte eine Geschäfts
Abendessen in einem New Yorker Restaurant, aber vergessen, bringt seinen
Brieftasche. Die Erfahrung, überzeugte ihn von der Notwendigkeit einer

Alternative zu Bargeld. Im nächsten Jahr McNamara und sein Partner
startete eine kleine Kartonkarte mit dem Namen der Diners Club Card.
Vor allem für Reisen und Unterhaltung verwendet wird, war es das erste
echte Kreditkarte. Allerdings hatte noch die Rechnung vollständig sein
bezahlt jeden Monat. Im Jahr 1958 startete die American Express
eigene Kreditkarte mit Diners Club konkurrieren.
Die erste Dreh - Kreditkarte wurde von der Bank ausgegebenen
Amerika im Jahr 1958. Die Bankamericard war der erste, Angebot
Karteninhaber Zahlungsmöglichkeiten ; sie hatten nicht mehr zu zahlen
ihre gesamte Rechnung jeden Monat .
Im Jahr 1966 , eine Gruppe von amerikanischen Banken, zusammengefügt
schaffen die Interbank Card Association (ICA) , jetzt bekannt als
Mastercard, für die Ausgabe von Karten und die Verarbeitung von Transaktionen .
Bank of America gründete die Bankamerica -Service
Corporation, jetzt als VISA, gleichen Jahr bekannt. heute
VISA und Mastercard sind die weltweit führenden Kreditkarten
Verbände.

Textnachrichten (SMS)
Heute 3,6 Milliarden Menschen oder 78 Prozent aller Handy
Abonnenten nutzen SMS, auch als Text-Messaging bekannt.
Allerdings war es ein zufälliger Erfolg, nahm fast
jeder in der Mobilfunk-Branche überrascht. Die Geschichte
beginnt in den frühen 1980er Jahren , während der Prozess der Schaffung
das Global System for Mobile Communications (GSM).
Matti Makkonen , eine finnische Ingenieur vorgeschlagen, einen frühen
SMS -Konzept bei der Entwicklung von GSM . Seine Idee
war eine sehr einfache Messaging- System, das funktionieren würde
selbst wenn die Empfangsvorrichtung wurde ausgeschaltet oder
außerhalb seines Versorgungsbereichs . Der SMS- Konzept weiter war
in der deutsch-französischen Zusammenarbeit entwickelt GSM
1984 von Friedhelm Hillebrand und Bernard Ghillebaert .
Ihre zentrale Idee war, das GSM-Netz , das war wieder verwenden
optimiert für Sprachanrufe , für den Transport von Textnachrichten
während der so genannten Meldeintervalle , die benötigt wurden , um
Sprachverkehr zu kontrollieren . Dies erlaubte Nutzung der ungenutzten
Systemressourcen zu minimalen Kosten .
Im Jahr 1992 , Neil Papworth der Sema Group war der erste,
eine SMS -Nachricht mit einem Computer auf der Vodafone-
GSM-Netz in Großbritannien. Die Botschaft war 'Merry
Christmas ' , Richard Jarvis von Vodafone, der war geschickt mit der zuerst verfügbaren GSM-Handy - der
Orbitel 901 .
Die ersten SMS-Dienste informiert Nutzer über Voice-Mail-
Nachrichten. Mobilfunkanbieter nicht glaube, dass die Menschen
möchte, um sich gegenseitig Textnachrichten schreiben, da
sie immer noch betrachtet es als eine Art von Paging . Paging -Dienste ,
, in dem ein menschlicher Operator in einem Service-Center aufgebaut
und gesendeten Nachrichten in die von den Verbrauchern genannt wird, hatte

seit einiger Zeit . Der erste kommerzielle SMS-Service
verkauft werden, um die Verbraucher war eine Person -zu-Person -Textnachrichten
Service Radiolinja in Finnland im Jahr 1993.
Erste SMS- Wachstum war langsam, mit GSM-Kunden im Jahr 1995
Senden im Durchschnitt nur 0,4 Nachrichten pro Kunde
pro Monat. Ein Faktor, der in der langsamen Einführung von SMS war
dass die Betreiber waren langsam einzurichten Ladesysteme ,
vor allem für Prepaid-Kunden , und bis zur Abrechnung zu beseitigen
Betrug. Auch Netzwerke in Großbritannien nur erlaubt Kunden
Nachrichten an andere Benutzer auf demselben Netzwerk zu senden.
Diese Beschränkung wurde im Jahr 1999 angehoben .
Bis Ende 2000 ist die durchschnittliche Anzahl der Nachrichten
erreicht 35 pro Benutzer pro Monat und von Weihnachten in
2006 über 205 Millionen Nachrichten wurden allein in Großbritannien geschickt.
Im Jahr 2010 wurden weltweit 6100 Milliarden Nachrichten gesendet werden, die
übersetzt in 193.000 Nachrichten pro Sekunde .

CAR Sitze
Autositze, die auch als Kindersitzebezeichnet werden, sind
Sitze, die speziell auf Kinder vor
Tod oder Verletzung während Automobil Kollisionen. Fahrzeug
Abstürze gehören zu den führenden Todesursachen bei Kindern und
die meisten der Todesfälle passieren, weil die Kinder nicht
in der richtigen Art von Autositz befestigt. Zuerst in verwendet
1898 früh Sitze waren wenig mehr als ein Beutel mit
Zugschnur , die auf dem Autositz angebracht werden könnte. sie
nur dazu gedacht , um Kinder vor dem Aufstehen oder fall halten
von ihren Sitzen , als ein Auto in Bewegung war , die Sicherheit von Kindern
war nicht wirklich eine Priorität. Seitdem sind viele Modifikationen
und Anpassungen wurden implementiert, um diejenigen zu schützen,
dass Antrieb und Fahrt in Autos , einschließlich Beschränkungen
zu schützen, sowohl Erwachsene als auch Kinder.
Im Jahr 1962 , Leonard Rivkin , Mitinhaber von Guys and Dolls, eine
Kinderspielzeug und -Möbelhaus in Denver , Colorado,
kam mit einem Entwurf für den ersten Autositz für den Schutz
ein Kind . Zu dieser Zeit wurden Sitze zur Flip
vorwärts, ja, in einem Crash , Kleinkinder könnten in der katapultiert
Windschutzscheibe. Rivkin der Metall Auto Sitzrahmen wurde entwickelt,
an Ort und Stelle durch die Verhinderung der Beifahrersitz von zu bleiben
Spiegeln. Britischer Erfinder Jean Ames erfand auch ein frühes Kind
Schutz Sitz in 1962. Die Ames Design hatte Riemen,
hielt die gepolsterte Sitzfläche gegen die hintere Beifahrersitz.
Innerhalb des Sitzes wurde das Kind durch einen Y - förmigen gehindert
Geschirr, das über den Kopf rutschte und beide Schultern und
zwischen seinen Schenkeln befestigt.
In den späten 60er Jahren entwickelt schwedischen Auto- Designer das erste

hinten gerichteten Kindersitz entwickelt, um ein Kind zu verhindern
aus , die bei einem Autounfall verletzt. Es wurde auf der Grundlage
die Idee der Fahrt auf , dh , die Minimierung Beschleunigung relativ
an dem Fahrzeug während eines Aufpralls . Sein Design dauerte mehrere Jahre,
und umfangreiche Prüfung, aber am Ende , sie entwickelt hatte,
eine der wichtigsten Sicherheitsmerkmale hinzugefügt werden,
Automobile. Jedoch wird während dieser Zeit nur die
Sicherheitsbewusste Eltern gekauft haben, haben Kindersitze .
In den 1970er Jahren , konfrontiert mit einer Sicherheitsvorrichtung zum Arbeiten
Kinder, aber nicht in der Lage , um die Öffentlichkeit davon zu überzeugen , dass
sie waren eine notwendige Zubehör für die Kinderbetreuung , gab es eine
massiven Druck, die Öffentlichkeit über Sicherheitssitze zu erziehen und die
Gefahren, denen Kinder aus herkömmlichen Beckengurte .
Tennessee war der erste US-Bundesstaat, Gesetze, die übergeben
die Verwendung von Sicherheitssitze für Kinder. zwischen 1978
und 1985 , gefolgt jeder einzelne US-Bundesstaat Anzug. heute
meisten Länder haben ähnliche Gesetze .

Thermoskannen
Die Thermoskanne, auch als Dewar-Gefäß , Dewar bekannt
Flasche oder Thermoskanne , wurde vom schottischen Physiker erfunden
und Chemiker Sir James Dewar 1892 Dewar Erfindung.
wurde hauptsächlich dazu gedacht, verflüssigte Gase wie zu bewahren,
flüssigem Stickstoff und Wasserstoff durch die Übertragung verhindert
von Wärme aus der Umgebung . Er bestand aus zwei Kolben ,
platziert eine in der anderen und trat am Hals. die
Spalt zwischen den beiden Kolben enthielt eine in der Nähe von Vakuum,
verhindert Wärmeübertragung über Wärmeleitung oder Konvektion,
und ihre Oberflächen reflektierende Beschichtungen auf Wärme zu verhindern hatte
Übertragung über Strahlung . Die ersten kommerziellen Isolierflaschen
wurden im Jahr 1904 gemacht, wenn ein deutsches Unternehmen , Thermos
GmbH, wurde von zwei Glasbläser gegründet. Sie hielten ein
Zeitung Wettbewerb, um ihre Produkt-und ein Bewohner nennen
München eingereicht " Thermos ", die von der kam
Therme griechische Wort bedeutet " Hitze " . Dewar gescheitert
registrieren , ein Patent für seine Erfindung und später patentiert wurde
von Thermos , denen Dewar verlor ein Gerichtsverfahren .
Im Jahr 1907 verkaufte die GmbH Thermos Thermos Marke
Rechte zu drei unabhängige Firmen. sie entwickelten
die Vakuumflaschen , die auf vielen berühmten aufgenommen wurden
Expeditionen , darunter Ernest Shackletons Reise in die
Antarktis, Robert Peary Reise in die Arktis im Jahr 1909 , und US-Präsident Theodore Roosevelt Safari in Afrika
im Jahr 1909. Es wurde auch in der Luft , als die Gebrüder Wright
trug sie bis in ihre Flugzeuge und Graf Ferdinand von
In seinem Zeppelin -Luftschiffe .

Im Jahr 1911 , dem ersten maschinell hergestellten Glasfüller eingeführt wurde
für Thermoskannen und ihre Popularität wuchs schnell .
Amerikanische Physiker William Stanley Jr. erfand die Ganzstahl
Vakuumflasche im Jahr 1913 und eine Firma namens gestartet
Stanley , die eine der beliebtesten Marken der bleibt
Thermosflaschen auf dem Markt. Im Zweiten Weltkrieg , über
10.000 Thermos oder Stanley Isolierflaschen ging mit
Alliierten Bomberbesatzungenauf jeder großen Razzia .
Thermos bleibt ein eingetragenes Warenzeichen in einigen Ländern
wurde aber eine verallgemeinerte Warenzeichen in den USA erklärt, in
1963 als es ist zum Synonym für Vakuum-Isolierflaschen in
Allgemeinen. Dies ist ein Beispiel von "Markenzeichen Erosion ' , die
passiert, wenn eine Marke wird so verbreitet, dass es beginnt
als einen gemeinsamen Namen und der ursprünglichen Firma verwendet
nicht auf eine solche Verwendung zu verhindern. In diesem Fall kann das Wort nicht
mehr eingetragen . Beispiele sind amerikanische Aqua -Lungen-
(US Divers) , Aspirin (Bayer AG), Rolltreppe (Otis Elevator
Company) , Heroin (Bayer AG), Kerosin (Abraham Gesner)
Kreuzschlitzschraube (Henry F. Phillips) , Yo -Yo (Duncan Yo-
Yo Company) und Zipper (B. F. Goodrich) .

PARACHUTES
Die frühesten Belege für einen Fallschirm in einer Handschrift erscheint
von 1470 Italien . Leonardo da Vinci skizzierte einen
anspruchsvolles Design um 1485 . Die Machbarkeit seiner
Design wurde im Jahr 2000 von dem Engländer Adrian Nicholas prüft.
Allerdings wurde die moderne Fallschirm erst erfand der
Ende des 18. Jahrhunderts von Louis -Sébastien Lenormand in Frankreich,
der seinen ersten öffentlichen Sprung im Jahr 1783 gemacht . Zwei Jahre später wurde er
prägte das Wort Fallschirm , das heißt, "das, was schützt
vor einem Sturz . " Im Jahre 1802 , überquerte André- Jacques Garnerin die
Englisch-Channel auf einem Wasserstoffballon und gezeigt,
der Ballon und Fallschirm Abstieg in London.
Heißluft- Ballonfahrer polnischen Jordáki Puparento war der erste
von einem Fallschirm gerettet werden, nachdem sein Ballon fing Feuer
im Jahre 1808 . Im Jahr 1837 wurde Englisch Künstler Robert Spannen
die erste Person, die von einem Fallschirmunfallzu sterben. Im Jahr 1887
Amerikanischen Ballonfahrer und Luftfahrtpionier Major Thomas
S. Baldwin erfand die erste Fallschirmgurte .
Im Jahr 1911 machte Zuschuss Morton die erste Fallschirmsprung
aus einem Flugzeug über Venice Beach , Kalifornien. Im Jahr 1912
Russische Erfinder Gleb Kotelnikov zeigte die
Bremsen oder Bremsfallschirm durch Abbremsen eines russisch-
Balt Auto, das mit Höchstgeschwindigkeit unterwegs war . Er hat auch entwickelte den ersten Rucksack
Fallschirm.
Štefan Banič schuf die ersten militärischen Fallschirm in

1914 , die sparen viele US- Air Force Piloten geholfen
im Ersten Weltkrieg Thomas Orde - Lees, bekannt als die
Mad Major, gezeigt, dass Fallschirme verwendet werden könnten
erfolgreich aus geringer Höhe . Im Jahr 1916 , Solomon Lee Van
Meter Jr. 's Rucksack-Stil Aviatory Life Buoy hinzugefügt eine wichtige
Quick-Release - die Reißleine - so fallen
Flieger , um die Haube nur nach , es sei sicher zu erweitern. alle
moderne Fallschirme haben eine Reißleine .
Beginnend mit Italien im Jahre 1927 , mehrere Länder
mit der Verwendung von Fallschirmen , Soldaten fallen experimentiert
hinter den feindlichen Linien . Operation Market Garden , durchgeführt
durch die Alliierten im Zweiten Weltkrieg im Jahr 1944 , gilt als
die bisher größte militärische Operation der Luft .
Im Jahr 1937 waren sowjetische Flugzeuge in der Arktis die erste
verwenden Bremsfallschirm Fallschirme , um Unterstützung für polare bieten
Expeditionen wie der erste bemannte Treibeis Station
Nordpol -1 . Diese Rutschen erlaubt Flugzeuge zu Land
sicher auf kleinen Eisschollen . Die Entwicklung der neuen Sport
Fallschirme begann in den frühen 1960er Jahren. In den späten 1970er Jahren ,
Gleitschirme , die wie Flügel aussehen und wie kann gesteuert werden
Flugzeuge wurden immer beliebter.

Straßenlaternen
Die Notwendigkeit einer öffentlichen Beleuchtung stammt aus alten
Zeiten. Rund 50 v. Chr., die Römer wurden mit großer
Metall- Öllampen mit einem Faser Docht und ein Reservoir von
Pflanzenöl. Das lateinische Wort bezeichnet ein laternarius
Slave für die Beleuchtung dieser Lampen verantwortlich. Diese Aufgabe
weiterhin von besonderen Menschen durchgeführt werden, während die
Mittelalter, als so genannte Link Jungen begleitet Menschen
durch düsteren , verwinkelten Gassen .
Im Jahre 1417 , Sir Henry Barton, Bürgermeister von London, geweiht
Laternen mit Lichtern , um auf dem Winter aufgehängt werden
Abende zwischen hallowtide und Candlemasse , ' dh
zwischen 1. und 2. November . Durch 1716 alle Häuser in England
Blick auf eine Straße oder Gasse waren erforderlich , um zu entspannen oder ein
mehr Lichter von 06.00 bis 11.00 Uhr oder im Gesicht Geldstrafen.
Die frühesten Gas -brennenden Straßenlampen wurden in den eingebauten
Arabischen Reiches , vor allem in Córdoba , Spanien , um 1000
AD . Es war der schottische Ingenieur und Erfinder William
Murdoch , der erste praktische Gaslaternen in die entworfene
Anfang der 1790er Jahre . Zunächst nur diese Lampen verwendet Kohlegas . in
1802 durchgeführt Murdoch eine öffentliche Darstellung der Gasbeleuchtung
erstaunt und beeindruckt , dass die lokale Bevölkerung . aber
Deutsch Erfinder und Geschäftsmann Friedrich Albrecht Winzer war die erste Person, die Kohle -Gas-
Beleuchtung zu patentieren
im Jahre 1804 . Im Jahr 1807 in der Londoner Pall installiert er Gaslaternen

Mall. Danach breitete sich rasch über die Gasbeleuchtung der
industrialisierten Welt.
Im Jahr 1857 , Französisch und Ingenieure Lacassagne Thiers installiert
elektrische Beleuchtung auf La Rue Impériale in Lyon , Frankreich,
welche die erste Straße , die von einer permanenten leuchtet wurde
Elektroinstallation. Verwendet Frühe elektrische Straßenbogen
Lampen, die vom britischen Chemiker Sir erfunden worden
Humphry Davy im frühen 19. Jahrhundert. solche Lampen
Paris verdient seine " Stadt der Lichter ' Spitzname.
Aber das bedeutete nicht das Ende der Gaslaternen . Im Jahr 1885
Österreichische Wissenschaftler und Erfinder Carl Auer von Welsbach
patentierte das Gas Mantel. Es erzeugt eine intensive hell
Licht und war seit mehreren Jahrzehnten beliebt.
Bogenlampen aus der Nutzung für die Straßenbeleuchtung in der vergangen
Ende des 19. Jahrhunderts. Sie wurden durch billige ersetzt ,
zuverlässig, und helle Glühbirnen , die
dominiert Straßenbeleuchtung für viele Jahre. Die Hochdruck-
Natrium (HPS) Dampflampe ist dominant heute
denn es ist energieeffizient und die meisten Farben zeigen sich
auch in ihm. Diese Lampen arbeiten, wenn ein elektrischer Strom
durchläuft ein ionisiertes Gas (Plasma) Natriumatomen
um Licht zu erzeugen .

Rettungswesten
Schwimmwesten sind auch als Schwimmhilfen bekannt
(PFD) , Schwimmwesten , Mae Wests , Rettungswesten , Lebensretter ,
Kork Jacken, Schwimmhilfen und Schwimmanzüge . die
alten Schwimmwesten wurden von aufgeblasenen Tierhaut
Blasen -oder Hohl , versiegelte Kürbisse.
Etwa 870 v. Chr. verwendet assyrischen Königs Ashurnasirpal Armee
aufblasbare Tierhäute , ein Wassergraben überqueren. Dieser Vorfall war
in einem Steinrelief , die jetzt sichtbar an der dokumentiert ist
British Museum, London. Ein Engländer namens Dr. John
Wilkinson patentiert ein Kork Schwimmweste im Jahre 1765 . In seinem Buch
Titel des Seemanns Erhaltung von Schiffbruch, Krankheiten und
Andere Katastrophen Vorfall to Mariners , beschrieben Wilkinson
die Vorteile seiner Rettungsmitteln aus Kork . Aber wie Rettungswesten waren
bis Anfang des 19. Jahrhunderts nicht auf Marine- Matrosen ausgegeben .
Die erste ernsthafte Entscheidung, Rettungswesten in Produktion
Menge wurde im Jahre 1851 nach dem Tod von 20 aus gemacht
24 Piloten auf dem Fluss Tyne in Großbritannien , als ihr Boot
gekentert . Nach der Tragödie , Captain John Ross
Ward, ein Royal National Lifeboat Institution Inspektor
in Großbritannien, entwarf die erste moderne Leben
Jacke. Sein Entwurf wurde mit Kork gefüllt und hatte 24 £

Auftrieb . Das Design war so beliebt, dass es blieb im Service auch nach dem Zweiten Weltkrieg , ein ganzes Jahrhundert später!
Im Jahre 1852 wurde die USA das erste Land, das Leben erfordern
Jacken für jeden Passagier an Bord der Handelsschiffe .
Andere Länder folgten von den 1890er Jahren. Wasserdichte Zellen
mit Kapok gefüllt , die flauschigen Samen Haar des Bombax Baum ,
Material Kork in den ursprünglichen Rettungswesten schließlich ersetzt.
Ein weiteres verwendet schwimmfähigen Material war Balsaholz . verschiedene
Kunststoffschäume haben nun diese beiden Materialien ersetzt .
Alle frühen Schwimmwesten waren natürlich schwimmfähig und nicht
müssen die Inflation. Im Jahr 1928 , American Peter Markus von Kansas
City, Missouri, erfand die erste aufblasbare Rettungsweste,
die gemeinhin als die Mae West bekannt. Es war beliebt bei
Im Zweiten Weltkrieg verbündeten Flieger. Sie wurden ausgestellt
Mae Wests als Teil ihrer Flug Gang.
Ein ernsthaftes Problem mit der frühen Schwimmweste Designs war, dass
sie waren nicht selbstaufrichtendes . Sehr oft Menschen tragen
sie würden umfallen , Land Gesicht nach unten, und wenn sie
unbewusst, ertrinken. Forschung , um das Design zu verbessern war
in Großbritannien von Professor Edgar A. Pask durchgeführt und führte
bis 1952 Admiralty Muster 5580 aufblasbar, selbstaufrichtendes
Schwimmweste - ein Wunder der Einfachheit der Konstruktion , Leistung,
und Haltbarkeit. Dieses Design hat sich über die kopiert wurden
Welt und ist auch heute noch in Betrieb ist.

TAFELWAßER
Ursprünglich Mineralwasser und Quellwasser waren die
beliebtesten Arten von Wasser in Flaschen. Viele Menschen glaubten, dass
Mineralwasser hatte Heilwirkungen und dass Quellwasser
war besonders rein, weil sie gerade aus der hervor
Boden und nicht verwendet worden. Viele berühmte Federn auch
produzieren, natürlich mit Kohlensäure, Kohlensäure, Wasser wie Vichy
Katalanisch, Ferrarelle, Wattwiller, Apollinaris und Perrier. Die
südwestdeutschen Stadt Niederselters, die einen
wie Frühling, ist der Namensgeber für Wasser oder Selters Selters.
Es war das Französisch, die erste versucht, kommerziell zu nutzen
natürlichen Wasserquellen mit Evian, nach der Stadt benannt
Evian-les-Bains. Ein Thermalbad wurde in der Nähe geöffnet
1821 an der Cachat Frühjahr am Genfer See. Verkauf der
Wasser selbst begann im Jahre 1829 und wurde zunächst in verpackter
Steingutbehältern. Johann Jacob Schweppe, der
entwickelte ein Verfahren zur Herstellung von kohlensäurehaltigen Mineral
Wasser, gründete die englische Getränkehersteller Schweppes
in Genf. Schweppes war der erste, in Flaschen einzuführen
Wasser in Europa und nutzte die Weltausstellung von 1851
in London als eine sehr einzigartige Marketing-Gelegenheit. Die
Wasser, das in Flaschen abgefüllt wurde das Unternehmen von der berühmten

Malvern Frühjahr in England. Im Jahre 1845 begann die Familie Ricker von Maine zu Flasche und verkaufen
Wasser aus einer nicht identifizierten Quelle . Ihre kleinen Betrieb
wuchs schnell , wie sie auf der Feder angebliche aktiviert
medizinischen Eigenschaften und schließlich die es berühmt wurde
Poland Springs Wassergesellschaft , die heute noch existiert .
Während marschieren nach Rom im Jahre 218 v. Chr. Hannibal benutzt hatte, die
Perrier Frühjahr im Süden von Frankreich. Im Jahr 1888 , die Französisch
Kaiser Napoleon III verkaufte die Rechte an der Feder zu einem Dr.
Louis Perrier und ein lokaler Landwirt. Die Idee der Vermarktung der
natürlich kohlensäurehaltiges Wasser Frühling war die Idee
von englischen Aristokraten St. John Harmsworth . Er kaufte
die Feder von Dr. Perrier und auch das fertige benannt
Produkt nach ihm ein Gefühl der ärztlichen Stelle zur Verfügung zu stellen .
Es gab nur wenig Wachstum im natürlichen Mineralwasser
Industrie während der ersten Hälfte des 20. Jahrhunderts. die
Abfüllbetriebe bildeten ihre eigene Lobby-Gruppe in
1950 , um ihr Produkt zu fördern , aber der Verkauf wurde sehr
zunächst langsam . Auch hier nahm die Führung in Evian den 1950er Jahren von
Verkauf seiner Wasser mit dem leistungsstarken Anspruch , " zu helfen, still
Mütter und [bieten] wichtige Mineralstoffe für Säuglinge " .
Seitdem ist die Mineralwasser -Landschaft hat sich erweitert
enorm . Jetzt gibt es Hunderte von Unternehmen
und Tausende von Markennamen von Wasser in Flaschen und deren
weltweiten Umsatz in Milliarden von Dollar.

KARTEN
Die früheste bekannte Bildpostkarte war ein handgemaltes
Design auf einer Karte. Es war eine Karikatur der Arbeitnehmer in der Post
Büro und wurde in London von dem Schriftsteller , Komponist geschrieben
und bekannten Witzbold , Theodore Hook, im Jahr 1840 ,
die mit einem Penny Black Stempel .
Es war im Jahre 1861 , dass John P. Charlton von Philadelphia,
USA, entwarf die erste kommerziell hergestellte Karte.
Er patentierte seine Design, sondern verkaufte die Rechte an Hymen L.
Lipman, die es Lipman Postkarteumbenannt. Die Karte
wurde mit einem verziertem Rand verkauft. Doch auf Mai
13 , 1873, verbot die US-Regierung ausgegeben privat
Postkarten. Postmaster John Creswell führte die
erste offizielle vorgestanzten Cent Postkarten später in diesem Jahr .
Die Idee für den offiziell ausgegebenen Postkartein Europa
wurde auf deutschen Postbeamten Dr. Heinrich gutgeschrieben
von Stephan im Jahr 1865. Doch aus Angst vor Verlust der Posteinnahmen ,
der Plan nicht in Nord- Deutschland bis Juli durchgeführt
Jahr 1870. Dr. Emanuel Herrmann schlug vor, eine ähnliche Idee
der österreichisch -ungarischen Regierung. Das war schnell

genehmigt und die erste Karte wurde im Oktober ausgegeben
1. 1869 . Begleitet mit einer aufgedruckten Stempel, diese
Regierungspostkartewurde ein Corresponendz genannt
Karte oder Korrespondenz -Karte. Der erste bekannte gedruckte Bildpostkarte, mit einem Bild
auf der einen Seite , wurde in Frankreich im Jahr 1870 erstellt. Es war
kein Platz für Stempel und keine Beweise, dass sie
immer ohne Umschlag geschrieben . Die erste Werbung
Karte erschien im Jahre 1872 in Großbritannien. Die Universal-
Postal Union wurde im gleichen Jahr gegründet und ersetzt
Einzelverträgezwischen den Nationen mit einem Satz akzeptiert
der konsequenten internationalen Regelungen Mail .
Die Vereinbarung erlaubt der Regierung ausgestellten Postkarten
von Anfang 1875 international gesendet.
Karten zeigen Bilder mehrten sich während der
1880er Jahren. Bilder von der neu erbauten Eiffelturm in 1889 und
1890 gab den Anstoß für die Postkarte , was zu dem sogenannten
goldene Zeitalter der Ansichtskarte in den Jahren nach der
Mitte der 1890er Jahre . Im Juli 1879 die Post von Indien eingeführt
1/4 anna Postkarte. Dies wurde von Postkarten gefolgt , dass
wurden speziell für den Einsatz in Regierungs April 1880 gemeint ,
Antwort von Postkarten im Jahre 1890. Postkarten bleiben
in Indien und im Ausland beliebt.
Wussten Sie schon?
Die Studie und die Sammlung von Postkarten ist deltiology bezeichnet.
Es wird angenommen, dass die drittgrößte in der Hobby- Sammler sein
Welt , übertroffen nur von Münz-und Briefmarkensammeln .

STACHELDRAHT
Fencing aus flachen und dünnen Draht wurde zuerst vorgeschlagen
im Jahre 1860 in Frankreich von Leonce Eugene Grassin - Baledans .
Sein Entwurf war gespickt Punkte Schaffung einen Zaun,
war schmerzhaft zu überqueren. Zahlreiche Patente , wobei jedoch
keine dieser Drähte wurden jemals kommerziell hergestellt .
Im Jahre 1868 , ein Schmied namens Michael Kelly aus New
York, wurde ein Patent für das Fechten speziell für selbstverständlich
Abschreckung von Tieren. Die ersten Drahtzäune bestand nur
von einem Leitungsstrang , der häufig gebrochen wurde
das Gewicht der Rinder Drücken gegen sie. Kelly machte eine
signifikante Verbesserung durch Verdrehen zwei Drähte zusammen .
Bekannt als die dornigen Zaun, Kelly -Doppelstrang Design
war der erste erfolgreiche Stacheldraht.
Joseph F. Glidden , ein amerikanischer Farmer , wird oft gutgeschrieben
für die Gestaltung der ersten kommerziell erfolgreichen Stacheldraht
Draht. Glidden Idee kam von einer Anzeige auf einer Messe in
DeKalb , Illinois, im Jahre 1873. Gibt einen Holzzaun sah er
mit Draht Vorsprünge entwickelt, um Kühe zu verhindern. Legende

besagt, dass die Frau von Lucinda Glidden ermutigte ihn,
umschließen ihrem Garten mit seiner Idee . Er gewann mehrere
Gericht Schlachten über die Rechte an seiner Erfindung , eine einfache
Drahtwiderhakenverriegelt auf einen Doppelstrang- Draht , so dass es zu mir kam
Als Gewinner bekannt sein. Glidden und ein Partner gründete die Barb Fence
Unternehmen in DeKalb herzustellen Sieger. sie
erfand eine Methode zur Verriegelung der Widerhaken an Ort und Stelle und die
Maschinen für die Massen produzieren. Durch den Zeitpunkt seines Todes ,
Glidden war einer der reichsten Männer Amerikas . Heute ist sein
Design bleibt die bekannteste Art der Stacheldraht.
Die wichtigsten Änderungen, die an Stacheldraht gemacht wurden
seit den 1870er Jahren gewesen , um Verletzungen durch die Erhöhung zu reduzieren
Sichtbarkeit. Zum Beispiel , Jacob und Warren Brinkerhoff
1879 und 1881 eingeführt verdreht und Flachdrähte . Die
American Steel Wire Company und wurde schließlich
der dominierende Hersteller . Sie kontrollierten alle Aspekte
der Produktion von der Herstellung der Stahlstangen zu machen
viele verschiedene Draht-und Nagelprodukte von ihm.
Stacheldraht hat wichtige soziale und wirtschaftliche Auswirkungen hatte ,
insbesondere in den amerikanischen Westen. Es erlaubt Viehzüchter
umschließen ihr Land und beschränken früher Freilandherden
Vieh. Es stark betroffen auch die Lebensgrundlage der Ureinwohner
Amerikaner, die es gab den traurigen Beinamen Teufels
Seil. Stacheldraht wurde auch umfangreiche Verwendung in der Kriegsführung gesehen ,
beginnend mit dem Spanisch-Amerikanischen Krieg im Jahr 1898. In
Weltkrieg, der Tank , wie wir sie kennen, wurde erfunden
smash durch Stacheldraht Abwehrkräfte.

REGENMANTEL
Indianerstämme im Amazonasbecken wurden
mit Saft aus dem Gummibaum , wasserdichte Kleidung zu machen
Hunderte von Jahren . Die alten Chinesen nutzten viele
Materialien für die Herstellung wasserdicht regen Umhänge, wie Stroh,
Seggen und Chinaschilf . Bis Anfang der
Ming-Dynastie (1368 - 1644) , wurden aufwendige Öllackeverwendet .
Diese wurden von Stoffen wie Seide , aber gewöhnliche behandelt
mit gelben Öl (Tungöl) wasserabweisend .
Französisch Botaniker François Fresneau verwendet Gummi für
Abdichtungsstoff, nachdem er Native Americans in
Französisch-Guayana das gleiche tun. Im Jahre 1763 beschrieb er
wie er wasserdichte Tuch durch Eintauchen in vorbereitet hatte
Lösungen von Gummi mit Terpentin als Lösungsmittel. schottisch
Arzt John Syme ähnliche Experimente durchgeführt im Jahre 1821.
Die erste Regenmantel, jedoch nicht genutzt Gummi. Hergestellt von G.
Fox von London im Jahre 1821 , es Fox Aquatic aufgerufen und verwendet wurde
Gambroon , eine Art Leinentuch .

Frühe Versuche mit Gummi hatte erfolglos
da die Härte von Naturkautschuk variiert mit
Temperatur. Dies machte die Kleidung schwer zu tragen. schottisch
Chemiker Charles Macintosh fand die Lösung im Jahr 1823 .
Macintosh beteiligt , zwischen denen eine Schicht aus Gummiform zwischen zwei Schichten aus Stoff, hatten
mit Gummi in Naphtha gelöst gebürstet worden . Seine ersten
Kunde war die britische Militär . In der Tat sind immer noch Regenmäntel
genannt Mackintoshes oder Macs in Großbritannien.
Im Jahr 1839 entwickelte vulkanisierte Amerikaner Charles Goodyear
Gummi, das elastischer und leichter Form ist . Englisch
Hersteller Thomas Hancock nutzte die vulkanisierte Gummi
die Mackintosh Regenmantel 1843 verbessern. amerikanischen
Unternehmen eingeführt, die Kalandrierprozess 1849
, in dem Macintosh Tuch wurde zwischen beheizten geben
Rollen , um es flexibel und wasserdicht.
Im Ersten Weltkrieg , Englisch Erfinder Thomas Burberry
schuf die Allwetter- Trenchcoat. Es wurde von einem Typ, hergestellt
Baumwolle namens Gabardine , die Burberry erfunden und
wurde chemisch verarbeitet, um regen abzuwehren. Diese Trenchcoats
wurden ursprünglich für die Soldaten , aber populär wurde
mit vielen Zivilisten nach 1918 .
Öl - behandelten Gewebe , meist aus Baumwolle und Seide, wurde
in den 1920er Jahren populär. So wurde beispielsweise von Ölzeug gemacht
Bürsten Leinöl auf Stoff, die das Tuch abstoßen gemacht
Wasser. Regenmäntel aus Vinyl, Nylon und Kunststoff hergestellt wurde
nach dem Zweiten Weltkrieg populär. Moderne Regenmäntel gemacht werden
aus einer Vielzahl von High-Tech- Materialien wie Gore- Tex und
Mikrofaser .

FAHRRÄDER
Deutsch Baron Karl von Drais die erste praktische
Fahrrad im Jahre 1817 . Drais ' Draisine , Velociped , oder Steckenpferd
war ein Zweirad- Gerät ohne Pedale. Der Fahrer
fahr es , indem Sie die Füße auf den Boden .
Drais ' velocipede inspirierte eine Französisch Schlosser (entweder
Ernest Michaux oder Pierre Lallement) zu Drehkurbelnhinzufügen
und die Pedale auf der Vorderradnabenum 1863 , die Schaffung
der erste moderne pedalbetriebenen Fahrrad. Im Jahre 1868 , Michaux
und Unternehmen wurde der erste Massenproduzentvon Fahrrädern.
Ihre starren Rahmen und Eisen - gebändert Räder gab ihnen die
beschreibenden Spitznamen boneshakers . Später Verbesserungen
inklusive Vollgummireifen und Kugellager.
Eugene Meyer in Frankreich und in England James Starley
erfand den Hi - Fahrrad , gewöhnliche oder Hochrad

um 1870 . Es hatte eine große Frontscheibe, die gereist
ferner mit jeder Umdrehung der Pedale . Ordinarien waren
schnell, aber sehr unsicher . Dennoch Engländer Thomas
Stevens fuhr ein auf der ganzen Welt zwischen 1884 und 1886 .
Im Jahr 1885 produzierte John Kemp Starley die erste erfolgreiche
Sicherheit Fahrrad, das Rover . Es verfügte über ein lenkbares Vorderrad ,
gleich großen Rädern und einer Antriebsketteauf das Hinterrad . Bis 1890 hatte es vollständig das
Hochrad ersetzt.
Unterdessen im Jahre 1888 , mit dem Namen eine irische Tierarzt John
Dunlop den Luft gefüllten , Gummi-Luftreifen erfunden hatte
machen Dreirad seines jungen Sohnes komfortabel. Es wurde angenommen
Fahrrad für die Sicherheit , so dass es leichter und glatter.
Bis zum Beginn des 20. Jahrhunderts waren Radfahren Clubs
Lobbyarbeit für bessere Straßen , buchstäblich den Weg für die
Automobil. Adolph Schoeninger begann die Western-Kutschen
Works in Chicago, wo er Pioniermassenproduktion
Methoden für seine Crescent Fahrräder, die drastisch gesenkt
Preise und inspirierte später Henry Ford . Die Sicherheit Fahrrad
befreiten Frauen sowohl aus dem In-und restriktive
Kleider. Berühmte Feministin Susan B. Anthony sagte: " Ich denke,
[Radfahren] hat mehr getan , um Frauen als emanzipieren
alles andere auf der Welt. " Frances Willard, eine andere bekannte
Feministin, sagte: "Ich würde mein Leben in Reibung nicht verschwenden
wenn es auch in Schwung . " gedreht werden 1895 , Annie
Londonderry wurde die erste Frau auf Fahrrad um
der Welt.
Umwerfer (Gangschaltung) in den meisten modernen gefunden
Fahrräder wurde in Frankreich zwischen 1900 und 1910 entwickelt.
Mit elektronischer Schalthebel und leicht, aerodynamischen
Rahmen aus Kohlefaser, sind heute die Fahrräder sehr
anspruchsvoller und beliebter als je zuvor.

Eiscrememaschinen
Es gibt mehrere Anwärter für die Erfindung des frühen
Eismaschine , von der berühmten römischen Kaisers Nero
zu den Chinesen, die behaupten, dass Marco Polo ausgeliehen ihre
Rezept und führte sie an die Europäer . Es gibt auch
zahlreiche Berichte von Desserts aus Früchten , gemischt
mit Schnee in beide Latein und Altgriechisch Literatur .
Viele verschiedene Menschen haben mit der Erfindung gutgeschrieben worden
der erste moderne Eismaschine . Viele Historiker sind sich einig
dass im Jahr 1843 , kam auf amerikanischen Nancy M. Johnson mit einem
Design für eine Handkurbel Eismaschine .
Ihre Idee wurde auf praktische Kenntnisse. Es ging um
mit zwei Dosen , einer kleiner als der andere , so dass die
eine innerhalb der ersten Sekunde plaziert werden. der größere

kann, wurde mit Salz und Eis gefüllt . Die kleinere Dose gefüllt wurde
mit einer Mischung aus Milch- , Aroma und Zucker. Eine Kurbel mit
Mischflügel wurde in der Mischung aus Milch und platziert
Aroma zu helfen Churn die Zutaten. Das Salz geholfen
das Eis zu stabilisieren , während die Mischung ständig aufgewühlt ,
machen sie zu einem cremigen Konsistenz. Dieser Prozess
geholfen, auf Eiscreme Produktionszeit reduzieren , aber
Johnson hielt nicht an ihr Patent. Sie bekam 200 Dollar für
ihre Erfindung von William Young, der es benannt die Johnson Patent Eis Gefrierschrank .
Einige behaupten auch, dass Augustus Jackson, ein Chef im Weißen
Haus in Washington DC, erfand die erste Eis-
Hersteller im Jahr 1832 . Es wird vermutet, dass Jackson serviert exotische Eis
Aromen Desserts am Weißen Haus Zustand Abendessen
für First Lady Dolley Madison Gäste. Er experimentierte
mit dem Eis Prozess , zu versuchen, es weniger machen
mühsam, und kam mit einem temperaturgeregelten ,
Paddle- basiertes System, das Eis und Salz verwendet . Das half
die Art und Weise revolutionieren Eis wurde im Weißen gemacht
Haus , aber er hatte keine Zeit, seine Idee patentieren.
Viele Menschen haben zu der Entwicklung des Eis beigetragen
Entscheidungsträger seither . Einige bemerkenswerte Beiträge
gehören ein Gefrierfach, nur zum Einfrieren Eis , entwickelt von
Agness B. Marshall von London. Es könnte einen halben Liter Eis einfrieren
in weniger als fünf Minuten. Afro- amerikanische Erfinder Alfred
L. Cralle wird die Erfindung des Eiscreme- Mold gutgeschrieben
und Disher 1897 . Seine Erfindung geholfen, Eis halten
von den Wänden des Behälters und war leicht zu bedienen.
Amerikaner Jacob Fussell improvisiert auf Johnsons Icecream
Tiefkühltruhe und baute das erste kommerziell erfolgreiche
Eis -Anlage , die im Jahr 1909 30.000.000 Gallonen produziert
von Eis pro Jahr.

KAFFEEMASCHINEN
Die Geschichte der Kaffeemaschine, wie viele Erfindungen ,
hat mehrere Stränge . Seine Ursprünge reichen bis in das zurückverfolgt werden
Türken, die dafür bekannt sind, große Kaffee gebraut wurden als
Bereits 575 n. Chr. . Was passiert zwischen damals und die
Anfang des 19. Jahrhunderts ist nicht sehr klar. Allerdings hat sich das Tempo
Entwicklungs einmal beschleunigt die ersten modernen Kaffee
Kaffeemaschine wurde um 1818 erfunden .
Die Ursprünge der erste moderne Kaffeemaschine kann zurückverfolgt werden
zurück nach Frankreich. Vorrichtung nach einem Biggin , einer zweistufigen bekannt
Kaffee- Topf, in dem Wasser in den oberen gegossen
Kammer, um durch die Perforationen im unteren ablassen
Kammer und in eine Kaffeekanne, war wahrscheinlich der erste Tropf

Kaffeemaschine. Zur gleichen Zeit ein anderer Erfinder Französisch
kam mit der Pumpkanne. Dieser Kaffee
Hersteller gezwungen, kochendes Wasser in der unteren Kammer
nach oben ein Rohr , und dann rieseln durch Boden
Kaffeebohnen zurück in das untere Abteil . bis
den 1950er Jahren wurden solche Pumpen Percolatoren bevorzugt
von vielen Hausfrauen , Cowboys, und Pioniere in der
Vereinigten Staaten. Im Jahr 1840 war der Napier Vakuummaschine
eingeführt. Während diese Brauerei -Komplex zu bedienen war , es
konnte eine klare Kanne Kaffee - etwas, das jeder machen
Kaffee-Liebhaber Preise. Die Vakuum- Brauer verwendeten Wärme zu kochen Wasser in einem unteren
Fach , die erweitern würde
und gezwungen sein, sich durch ein enges Rohr in Bewegung
eine obere Fach, gemahlenen Kaffee enthalten ist.
Sobald der Kaffee zur Zufriedenheit gebraut , die Wärme
würde abgesetzt werden. Das Vakuum infolge geschaffen
dies würde helfen, den Kaffee zurück in die ziehen
unteren Kammer durch ein Sieb . Napier Vakuum- Kaffee
Entscheidungsträger sind auch heute noch beliebt.
James Nason von Massachusetts , USA, ist mit der Gutschrift
Entwurf eines frühen Kaffeemaschine im Jahre 1865 , aber es war
ein weiterer Amerikaner namens Hanson Goodrich , die erfunden
die moderne Kochplatte Kaffeemaschine . Er erhielt ein Patent
für seine Erfindung am 16. August 1889 . Sein Design war sehr
ähnlich zu denen, die heute verkauft werden . Elektro- Versionen
die Kochplatte Kaffeemaschine wurden in den späten 1800er entwickelt.
Verbraucher liebte sie, weil sie ermöglichte ihnen, Topf brauen
nach der Kanne Kaffee , ohne sich mit einem Herd umzugehen.
Die Erfindung des Mr. Coffee , der erste kommerziell
erfolgreiche automatische Kaffeemaschine, im Jahr 1972 ,
revolutionierte die Art, Kaffee gebrüht . Es war so beliebt,
mit den Verbrauchern , dass Kaffeemaschinen fast ausgestorben .
Auch heute noch sind die meisten Tropfkaffeemaschineneinfach Variationen
des Mr. Coffee -Design.

BLENDERS
Im Jahr 1919 , Stephen J. Poplawski , Inhaber des Stevens
Elektro -Unternehmen, war unter Vertrag mit der Arnold
Elektro- Unternehmen für die Gestaltung Getränk - Mischer. während
diese Zeit , kam er mit einem innovativen Design , das
wurde zunächst zur Horlicks Malzmilch schüttelt bei mischen
Soda- Brunnen. Im Jahr 1922 erhielt er ein Patent darauf . Er hat auch
kam mit dem Entwurf für einen Verflüssiger Mixer um
die gleiche Zeit wie sein neues Getränk - Mischer .
In den 1930er Jahren erstellt Amerikaner Fred Osius eine neue Art

der Mixer durch die Verbesserung auf Poplawski Design . er
näherte sich einem beliebten Musiker , Fred Waring , zur Finanzierung
und zu fördern sein Design , das Wunder Mixer , im Jahre 1933. Fred
Waring gestaltete es durch die Verbesserung der MesserachseDesign
und Glas Abdichtung und veröffentlichte seine eigene Version der Waring -
Blendor , im Jahr 1937. Es wurde zu einem unverzichtbaren Werkzeug in schnell
Krankenhäuser und Kliniken für die Herstellung spezifischer Diät-Lebensmitteln und
stark in der Grundlagenforschung geholfen. Dr. Jonas Salk
verwendet es für die Entwicklung einer der großen medizinischen Erfolg
Geschichten aus der Jahrhundert - der erste orale Polio-Impfstoff 20. .
Im Jahr 1937 , WG Barnard von Vitamix eine neue Art
der Mixer auch als Blender , der eine Edelstahl verwendet bekannt
Stahl- Glas anstelle des in Waring Mixer verwendet Pyrexglas Glas. Im Jahr 1946 , John Oster des Oster
Barber Ausrüstung
Unternehmen gekauft Poplawski Stevens Electric Company
und begann mit der Ausarbeitung seiner eigenen Mixer, die Osterizer ,
die wiederum von Sunbeam Products 1960 erworben.
Traditionelle Osterizer Mixer werden noch heute verkauft.
Etwa zur gleichen Zeit , Erfinder in Europa und Brasilien
kam mit ihren eigenen Variationen der Mixer . Im Jahr 1943
Traugott Oertli , Schweizer Staatsbürger , entworfen , ein Mixer, der
Turmix Standmixer , basierend auf dem Waring-Mischer -Design.
Oertli kam auch mit einem Gerät , das Turmix Zitruspresse,
fähig Entsaften von Obst und Gemüse .
Er beginnt mit dem Verkauf dieser als Zubehör mit seinem Turmix
Blender. Im Jahr 1944 , brasilianische Waldemar Clemente, Inhaber
der Walita Electric Appliance Company, kam
mit der Walita Neutron Blender auf der Grundlage der Turmix
Standmixer . Clemente ist auch mit kommen gutgeschrieben
mit liquidificador , ein Wort, das auch heute noch steht für
Mixer in Brasilien. Waldemar Clemente erwarb die
Patente auf Mixer und Entsafter in Brasilien Turmix und verwendet
Europäische Marketing-Strategie Turmix auf mehr als verkaufen
eine Million Mixer von den frühen 1950er Jahren. Zur gleichen Zeit ,
Walita begann mit der Herstellung Mixer für Philips , Sears,
Siemens , Turmix , und viele weitere Unternehmen . Im Jahr 1971
Royal Philips Co. erworben Walita , der ein Teil wurde
von Philips Küchengerät Division.

Teesiebe
Teekannen Teesiebe oder verwendet werden, um lose Teeblätter zu fangen
während Gießen Tee. Ihre Geschichte kann zurückverfolgt werden
die Chinesen, die Bambussiebenentwickelt zu entfernen
nasse Teeblätter aus einem Tontopf , die im 10. Jahrhundert vor Christus. aber
es war nicht bis das 17. Jahrhundert , dass Tee seinen Weg aus

China in den Salons des britischen Adels . mit
seinen Eintritt in die britische Kultur kam die Erfindung des ersten
moderne Teesiebe . Diese wurden aus Sterling Silber
(eine Legierung, die 92,5 Prozent Silber und 7,5 Prozent
Kupfer- Masseverhältnis) , und vor allem von der englischen oberen verwendet
Klassen. Erst Anfang des 20. Jahrhunderts , dass Tee
wurde zu einem beliebten Getränk in Großbritannien und Teesiebe
begann, sein Massenware . Bis dahin waren die Briten
Herstellung von unterschiedlichen Siebe - etwas groß genug
um eine Teekanne passen , andere klein genug, um in passen standardsized
Teetassen.
Es gibt verschiedene Arten von Sieben heute verfügbar ist,
Obwohl alle von dem allgegenwärtigen bedroht
Teebeutel.
Eine Pyramide Sieb , die , wie der Name schon sagt ist
pyramidenförmig ist aus Mesh . Tea Blätter sind
im Inneren der Pyramide eingesetzt und dann in kochendem durchdrungen Wasser. Der Boden der
Pyramide öffnet , so daß der verwendete
Blätter können leicht entfernt werden.
Tea Balls sind kugelförmig und arbeiten nach dem gleichen
Prinzip wie Pyramide Teesiebe . Der Unterschied ist, dass
sie eröffnen in der Mitte. Sie sind in verschiedenen verfügbaren
Materialien wie Metall, Masche, und Edelstahl.
Löffel Siebe aus wie eine überdachte Löffel aus Metall
mit kleinen Löchern peppering es . Diese sind in der Regel kleiner
als die Tee- Ball und Pyramide Siebe und sind nicht wirklich
bedeutete für das Brauen eine starke Tasse Tee.
Tee- Zange haben lange Griffe , die das Sieb auf das öffnen
entgegengesetzten Ende , wenn drückte . Nylon Siebe sitzen oben auf
eine Teetasse statt innen eingetaucht. Tee wird durchdrungen
in kochendes Wasser und dann durch in die Tasse gegossen
Schmutzfänger , die die Blätter fallen in die Tasse hält .
Tea - Stick Siebe werden wie Metall-Kugelschreiber mit Löchern förmigen
in ihnen. Sie müssen in einer heißen Tasse Wasser getaucht werden ,
mit die Teeblätter in platziert.
Nicht zuletzt ist die Neuheit Sieb , das wie funktioniert
andere Sieb , ist aber in einer Vielzahl von Größen zur Verfügung und
Formen wie Teddybären, Dinosaurier und Herzen.

Künstliche Süßstoffe
Bleizucker oder Bleiessig war die erste Zucker
Ersatz , weit von den alten Römern verwendet in ihrer
Weine und Marmeladen. Aber Studie zeigt nun, dass es giftig ist .
Berühmte Menschen, wie Papst Clemens II in 1047, haben sogar
starb Bleiacetat Vergiftung. Heute sechs Zuckeraustauschstoffe

sind im allgemeinen Gebrauch , Stevia, Aspartam , Sucralose,
Neotam , Acesulfam- Kalium und Saccharin .
Stevia wird aus den Blättern von Stevia- Pflanzen gewonnen und hat
als natürlicher Süßstoff in Südamerika verwendet worden
Jahrhundert. Es verursacht keine Blutzuckerspiegel zu erhöhen
nach dem Essen (Null glykämischer Index) und hat null Kalorien.
Daraus wird schnell in vielen Ländern beliebt.
Eine Stevia - Süßungsmittel namens Truvia wurde genehmigt
die Vereinigten Staaten im Jahr 2008.
Amerikanische Wissenschaftler James M. Schlatter an der GD Searle
Unternehmen entdeckt Aspartam im Jahr 1965. Er arbeitete
auf einer Anti -Ulcus- Medikament und versehentlich verschüttete einige
Aspartam auf der Hand. Dann leckte er seine Finger und
bemerkte einen süßen Geschmack. In der Tat ist Aspartam etwa 200 mal
so süß wie Zucker. Es ist, als Equal, NutraSweet verkauft und
Canderel . Es ist nicht sehr geeignet für das Backen wie es bricht
nach unten und wird weniger süß, wenn erwärmt. Sucralose ist ein chloriertes Zucker, etwa 600 mal ist
so süß wie normaler Zucker. Es wurde zufällig entdeckt
im Jahr 1976 von Forschern Leslie Hough und Shashikant
Phadnis am Queen Elizabeth College in London. ein
Tag Hough sagte Phadnis einen chlorierten Zucker testen
Verbindung . Phadnis verhört und dachte, dass Hough
hatte ihn gebeten, es zu probieren und fand die Verbindung zu sein
außergewöhnlich süß. Das Produkt wurde schnell populär
da es blieb süß, wenn erhitzt und könnte verwendet werden,
zum Backen und Braten . Gemeinsame Marken von Sucralose
gehören Splenda , Sugar Free Natura, Sukrana , SucraPlus ,
und Nevella .
Saccharin wurde 1879 von Chemiker Ira Remsen synthetisiert
Constantin Fahlberg und an der Johns -Hopkins-Universität in
Baltimore, Maryland. Es wurde ebenfalls zufällig entdeckt ,
Berichten zufolge , bei Fahlberg bemerkte einen süßen Geschmack auf seinem
Hand an einem Abend . Im Jahre 1884 patentiert und Fahlberg benannt
die Verbindung . Später wurde er von seinem wohlhabenden Entdeckung ,
aber nie anerkannte Rolle in Remsen es . Sacharin
wurde erstmals im Ersten Weltkrieg , als es beliebt
waren Zuckerknappheit . Es ist 300 - 500 mal süßer als
Zucker, sondern hinterlässt einen bitteren oder metallischen Nachgeschmack. die
beliebte amerikanische Marke von Saccharin ist heute Sweet ' N
Low.

KONDENSMILCH
Kondensmilch ist Kuhmilch , aus dem Wasser hat
entfernt . Es wird normalerweise mit Zucker gesüßt ,
welche die Haltbarkeit durch die Verhinderung des Wachstums erhöht

von Mikroorganismen.

Trinkmilch war ein bedeutendes Gesundheitsrisiko , bevor der
19. Jahrhundert. Milch direkt von der Kuh in die Qual
Stunden im Sommer und verursacht Krankheiten bekannt
die milksick , Milch Gift, die verlangsamt die zittert , und die
Milch Böse. Um diese Krankheiten zu bekämpfen , der Franzose Nicolas
Appert Kondensmilch zum ersten Mal , im Jahr 1820.
In den Vereinigten Staaten , in erschien nur Kondensmilch
1853 durch ein Milchbauer namens Gail Borden hergestellt
Jr. 1852 Borden zurückkehrte , von Meer, von einer Reise nach
England , wenn die Kühe in den Schiffsraum zu wurde
seekrank , um gemolken zu werden und aus diesem Grund , ein Einwanderer
Säugling starb. Borden wurde durch den Tod am Boden zerstört und
begann zu versuchen, Rohmilch zu bewahren. Schließlich war er
inspiriert von der luftdichten Vakuumpfanne von den Shakers verwendet ,
eine religiöse Gruppe , zu Fruchtsaft zu verdichten, und konnte
auf Milch ohne seng reduzieren oder gerinnt es . Seine ersten
Kondensmilch dauerte drei Tage , ohne zu verderben . Borden wurde ein Patent für gesüßte gewährt ,
kondensiert
Milch im Jahr 1856 . Aber das Produkt war nicht gut von empfangenen
die Öffentlichkeit, die verwässerte Milch verwendet wurden , mit
Kreide für Weiße und für Melasse Cremigkeit aufgenommen.
Sie beschwerten sich über das Aussehen und den Geschmack von
Kondensmilch. Original-Produkt Borden , das war
aus entrahmter Milch und Nährstoffen fehlte , war
auch für einen Beitrag zu einer zeitgenössischen Rachitis verantwortlich gemacht
Epidemie bei Kindern.
Als Ergebnis gescheitert und Borden ersten beiden Fabriken nur die
Drittens Wassaic , New York, ein brauchbares Produkt erzeugt
das war langlebig und benötigt keine Kühlung .
Sein Geschäft wurde unerwartet durch ein Stück dazu beigetragen,
investigativen Journalismus in Leslie Illustrierte Zeitung.
Der Bericht enthüllte die beunruhigende Tatsache , dass konkurrierende
Frischmilchlieferantenwurden auf Fütterung New York Kühe
Brennerei Maische , um Kosten zu reduzieren.
1858 , Borden Milch, wie der Adler- Marke verkauft , gewonnen hatte
einen guten Ruf für Reinheit , Haltbarkeit und Wirtschaftlichkeit. Nachfrage
wurde auch durch den amerikanischen Bürgerkrieg getrieben . Die US-
Regierung bestellt riesige Mengen von Kondensmilch
eine Feldration für Union Soldaten während des Krieges. Soldiers
Rückkehr nach Hause zu verbreiten dann das Wort und Kondensmilch
wurde zu einem bedeutenden Industrie in den späten 1860er Jahren.

TEA BAGS
Das erste Patent für einen Teebeutel mit dem Titel Tea - Blatt -Halter,
wurde Roberta Lawson und Mary McLaren der ausgegebenen

Milwaukee , Wisconsin, im Jahre 1903. Ihre Erfindung , die
wurde eine kleine Tasche von Open- Mesh -Gewebe, sah
ähnlich wie moderne Teebeutel , wurde aber nie hergestellt .
Teebeutel erschien im Handel um 1904 , aber es war
der Tee -und KaffeeladenKaufmann Thomas Sullivan aus
New York , die als erste erfolgreich vermarktet sie .
An der Wende des 20. Jahrhunderts , war viel mehr Tee
teurer als heute und von denen , die hoch geschätzt
konnte es sich leisten. In New York, die Kunden mit Spannung erwartet
jede neue Ladung aus Indien und China. Wenn die neuesten
Versand ankam im Hafen, Tee- Händler wie Sullivan würde
senden Proben , mit kleinen Metalldosen , um den Tee zu halten.
Die Legende besagt, dass Sullivan wurde genervt auf dem hohen
Kosten der Dosen und wechselte zu kleinen handgenähten Seidenbeutel
im Juni 1908 . Kunden sollten zum Entfernen der
losen Tee aus den kleinen Beutel , um es zu brauen , aber einige fanden es
einfacher, nur fallen die gefüllten Beutel in heißem Wasser. Die Erkenntnis,
wie bequem so ein einfaches Einweg-Beutel war , sie
bald begann anfrage ihren Tee in dieser Verpackung, viel
Überraschung zu Sullivans ! Eine Sache, die sie sich beschweren
über war, dass das Netz auf den Seidenbeutelwar auch in Ordnung. Als Reaktion darauf entwickelte
Sullivan Sachets von Gaze ,
was waren die ersten speziell angefertigten Teebeutel.
Leider Sullivan gescheitert , nehmen ein Patent auf seine
Erfindung und ist nur wenig von dem, was mit ihm passiert ist bekannt
oder seine Firma danach. Andere erkannte bald seine
kommerzielle Potenzial und begann zu experimentieren mit anderen
Typen von Materialien, einschließlich Gaze , Cellophan, und
Papier gestanzt . Maschinen wurden erfunden, um zu ersetzen
das Nähen mit der Hand von Teebeuteln .
In den 1920er Jahren begann, Teebeutel zu sein Massen-und
wuchs in der Popularität in den USA. Heute Teebeutel sind meist
aus Papierfasern . Es war William Hermanson , ein
der Gründer der Technical Papers Corporation of Boston,
die diese wärmeversiegelt Papierfaser Teebeutel erfunden . Im Jahr 1930
Hermanson verkaufte sein Patent auf den Salada Tea Company .
Der rechteckige Teebeutel wurde erst 1944 erfunden . Vor
dies glich Teebeutel kleine Säcke . Es war Tetley , dass
eingeführt Teebeutel in Großbritannien im Jahr 1953 und war schnell
gefolgt von anderen Unternehmen. Bis 2007 Teebeutel hergestellt up
eine phänomenale 96 Prozent des britischen Marktes .

INSTANT KAFFEE
Instant-Kaffee , auch löslichen Kaffee oder Kaffeepulver ,
wird durch Gefrier-oder Sprühtrocknung gebrühten Kaffee hergestellt
Bohnen. Die früheste Version von Instant-Kaffee können

wurde um 1771 erfunden , in Großbritannien. Bezogen auf ein
Kaffee -Verbindung, es ein Patent von den Briten gewährt wurde
Regierung. Die erste amerikanische Version wurde entwickelt,
im Jahre 1853 und einer experimentellen Version wurde im Feld getestet
Kuchenform , während des amerikanischen Bürgerkriegs.
Eine Art von Instant-oder löslicher Kaffee erfunden und
im Jahre 1889 von Herrn David Strang von Invercargill patentierte
Neuseeland. Es wurde unter dem Handelsnamenverkauft
Strangs Kaffee, unter Berufung auf seine patentierte Trocken Hot-Air- Prozesses.
Satori Kato, ein japanischer Wissenschaftler, der in Chicago in
1901 erfand ein ähnliches Produkt mit einem Prozess hatte er
ursprünglich für die Herstellung von Instant-Tee entwickelt.
Ein englischer Chemiker namens George Louis Constant
Washington entwickelte seinen eigenen Instant-Kaffee- Prozess
im Jahre 1906. Seine Marke von Kaffeepulver , genannt Red E Kaffee,
wurde zum ersten Mal im Jahre 1909 vermarktet. Es dominiert den Markt in
die USA für die nächsten drei Jahrzehnte , obwohl es
viele Menschen, die den Geschmack nicht mochte . Im Jahr 1938 von Nestlé
Schweiz lanciert die Marke Nescafé . Es verbessert der Geschmack durch Co- Trocknen von Kaffee -
Extrakt zusammen mit einem gleich
Menge an löslichen Kohlenhydraten, und bald wurde die
beliebteste Marke von Instant- Kaffee.
Instant-Kaffee fand eine sofortige Markt im Militär.
Im Ersten Weltkrieg einige Soldaten den Spitznamen eines " Tasse
George. " Betrachten Sie dieses Zitat von einem amerikanischen Soldaten ,
Haus aus den Schützengräben im Jahre 1918 schriftlich :
Ich bin sehr glücklich , trotz der Ratten , den regen, den Schlamm, der Entwürfe
[sic] , das Dröhnen der Kanonen und der Schrei von Muscheln . Es dauert
nur eine Minute, um meinen kleinen Ölheizung leuchten und einige George
Washington Kaffee ... Jede Nacht biete ich eine besondere Bitte an
die Gesundheit und das Wohlbefinden der [Herr Washington] .
Nach dem Zweiten Weltkrieg war Instant-Kaffee unglaublich beliebt
mit Soldaten. G. Washington Kaffee, Nescafé , und andere
hatten alle entstanden, um die Nachfrage zu befriedigen . Hochvakuum-
gefriergetrockneter Kaffee wurde kurz nach dem Zweiten Weltkriegentwickelt
II . Bis 1950 hatte die Firma Borden Methoden entwickelt
macht reinen Kaffee-Extrakt ohne Zusatz von Kohlenhydraten,
machen Instant-Kaffee immer beliebter. Im Jahr 1963 , Maxwell
Haus mit der Vermarktung gefriergetrocknete Granulat , das schmeckte
mehr wie frisch gebrühten Kaffee. Heute, rund 15 Prozent der
US- Kaffeeverbrauch ist in Instant- Form .

Dosenöffner
Nach 1822 , Konserven war in Großbritannien, Frankreich verfügbar ,
und die Vereinigten Staaten . Die ersten Dosen wog mehr als

die Lebensmittel, die sie enthalten und wurden mit was auch immer geöffnet
Werkzeuge waren zu der Zeit zur Verfügung. Die Hinweise auf die
Dosen zu lesen "rund um die Top- Cut in der Nähe der Außenkante mit einem
Meißel und Hammer .
Dedicated Dosenöffner erschien in den 1850er Jahren und hatte
primitive klauenförmigen oder Hebel- Designs. Im Jahr 1855
Robert Yeates von London erfand die erste klauenförmigen
Opener. Im Jahr 1858 , Ezra Warner von Waterbury , Connecticut,
USA, patentierte eine Hebel- Öffner. Es hatte eine scharfe Sichel ,
, die in die Dose geschoben und um gesägt wurde seine
Kante . Die US-Armee hat diesen Opener während der
American Civil War . Aber die messerartigen Sichel war es zu
für Haushalt und so Schreiber bei Lebensmittelgeschäften gefährlich
jeweils geöffnet werden , bevor die Kunden nahm sie mit nach Hause .
Das erste Dreh -Rad- Dosenöffner wurde patentiert
Juli 1870 , von William Lyman von Meriden , Connecticut,
und von der Firma Baumgarten in den 1890er Jahren produziert. die
Schneidrad wurde um das Dosenrandzu schneiden gedreht.
Aber der Dose benötigt wird, um in der Mitte durchstoßen werden. in
1925 der Star Dosenöffner Company of San Francisco, Kalifornien, verbessert Lyman Design , indem ein zweiter ,
verzahnte Rad genannt Förderrades , so dass ein fester Halt
die Felge und macht erste Piercing unnötig.
Kann HaltegriffÖffner gleichzeitig die Dose und
öffnen , so dass es nicht notwendig , um die Dose zu halten, wie es ist
geschnitten . Die erste derartige Opener wurde 1931 von patentierten
die Bunker Clancey Company of Kansas City , Missouri,
und war daher , die so genannte Bunker . Es war ähnlich
der Stern -Design, sondern hinzugefügt Zange -Griffe für eng
Ergreifen der Felge . Diese effiziente Design wird noch heute verwendet .
Ein Elektro kann ähnlich dem Bunker Dosenöffner wurde patentiert
im Jahr 1931 wurde aber nicht Erfolg zu finden , bis die 1950er Jahre.
Im Jahr 1866 , ein Öffner mit einem völlig anderen Design war
von J. Osterhoudt patentiert. Statt Durchstechen der Dose , riss es
aus-und ein vorgeritzten Streifen direkt unter dem Deckel gerollt. es
genannt , weil es eine Schlüssel einen Schlüssel ähnelte. Heute wie
Öffner zusammen mit vielen kleinen , dünnwandigen Dosen verkauft.
Dosenöffner mit einfachen und robusten Designs wurden
speziell für militärische Nutzung entwickelt. Beispielsweise
die P- 38 und P-51 wurden durch die Amerikaner während des Zweiten Welt verwendet
Krieg. Die P-38 wurde auch als John Wayne bekannt, weil
der Schauspieler wurde einmal mit einer Ausbildung in einem Film gezeigt .

Cocktail-Schirme
Ein Cocktail Dach ist ein kleiner Regenschirm oder Sonnenschirm gemacht
aus Papier, Pappe und einem Zahnstocher und wird als ein gebrauchtes

Beilage oder Dekoration in Cocktails , Desserts oder andere Lebensmittel
und Getränke. Der Schirm ist aus Papier gestaltet und
kann mit Pappe Rippen strukturiert werden. Die Rippen bestehen
aus Pappe , um mit Scharnieren Flexibilität
, so dass der Schirm gezogen abgeschaltet werden ähnlich wie ein
gewöhnlichen Regenschirm. Ein kleiner Kunststoffhalteringist oft
gegen den Stamm, in der Regel einem Zahnstocher , um umgearbeitet
, um den Schirm von Falten spontan zu verhindern.
Es ist eine Hülse der gefalteten Zeitung unter dem Kragen
als Abstandshalter fungieren. Die Zeitung ist in der Regel entweder
Japanisch, Chinesisch, oder eine indische Sprache , was auf die
Herkunft Regenschirmes .
In der Tat haben Cocktailschirmchen ein Schlüsselelement geworden
der Kult der Tiki . Die Tiki -Kult beinhaltet eine Wertschätzung
der Tiki-Bar , die auch als eine polynesische Bar bekannt. Diese Bar
ist spezialisiert auf die Insel Dekor , exotische Küche und tropischen
Getränke mit Cocktail Sonnenschirme und andere ausgefallene gekrönt
Utensilien. Die Tiki Joint hat eine entscheidende , wenn gespielt
unappreciated Rolle in der westlichen Kultur für mehr als 60
Jahre . Aber vor ihrer Verwendung in Tiki Bars , wird angenommen, dass
Cocktail- Schirme sind in chinesischen Restaurants verfügbar anzeigt, dass der Sonnenschirm, oder
zumindest die Idee, es
in einem Getränk , war ein chinesisch-amerikanische Erfindung. Es ist möglich,
dass sie ursprünglich entwickelt wurden, um Eiswürfel zu schützen
Getränke in der Sonne. Die Bemühungen , um zu bestätigen
diese Theorien mit chinesischen und chinesisch- amerikanischen Firmen
Verkauf der Schirme heute waren erfolglos.
Die Cocktail- Schirm wird angenommen, dass auf die angekommen sind
Tiki-Bar -Szene schon 1932 , mit freundlicher Genehmigung Victor J. Bergeron,
die jähzornigen einbeinige Gründer von Trader Vic in San
Francisco. Trader Vic ist eine große San Francisco
Kette der polynesischen Stil Restaurants. Vic serviert Getränke
mit Cocktail-Schirme bis in die frühen 1940er Jahren, als
Einfuhr der kleinen Sonnenschirmen, von Fabriken im Fernen
Osten wurde durch den Ausbruch des Zweiten Weltkriegs angehalten. jedoch
von Bergeron selbst zugibt , er ursprünglich ausgesucht hatte
bis die Idee von der Don the Beachcomber Restaurant-Kette
(jetzt geschlossen) , die im polynesischen Stil Speisesaal Pionier
in den Vereinigten Staaten. Nach Einleitung waren Sonnenschirme
als sehr exotisch, wie die meisten Dinge aus der
Pacific Rim. Übrigens Bergeron erfand auch mehrere
Rum -Geschmack Getränke, die weltweit berühmt wurde. sie
hatten Namen wie Missionary Rache , Sufferin Bastard
und Mai Tai , was bedeutet, die besten in Tahiti .

KAUGUMMI
Die Menschen haben genossen Kaugummi für mindestens 5.000 Jahren.

Alte Kaugummi , Teer aus Birkenrinde hergestellt , gefunden in
Finnland mit Zahnabdrückenoch auf sie. Die alten Griechen
Römer und kaute ein Harz von der Mastix- Baum genannt
mastiche . Sowohl Birkenrinde und Mastix wurden angeblich haben
medizinischen Nutzen .
Die Mayas in Mittelamerika kauten
Chicle , aus dem süßen Saft des Sapodilla Baum abgeleitet ,
von der 2. Jahrhundert n. Chr. . Die mexikanische Nachkommen
weiter kauen Chicle . In Nordamerika frühen
Europäische Siedler begannen Kauen Harz von Fichten
mit Bienenwachs gemischt. Die Fichte Basis allmählich
durch Paraffin ersetzt.
Amerikanische Erfinder Thomas Adams erfunden modernen
Kaugummi im Jahre 1869. Adams hatte eine Tonne gekauft
Chicle von der mexikanischen Führer Antonio López de Santa Anna ,
die dann im Exil wurde in Staten Island , New York.
Santa Anna Chicle hatte aus seiner Heimat Mexiko importiert ,
so dass er Reifen zu machen , war aber sehr erfolgreich.
Adams dann über ein Jahr lang versucht, in Chicle machen
ein Gummiersatz , scheiterte aber jedes Mal . Allerdings ist eine
Tag, als er wieder entdeckt eine interessante Tatsache, Chicle – Spaß zu kauen . Bis Februar 1871 Adams
New York Gum , die
war glatter , weicher und besser schmeckende als jede paraffinbased
Gummi, gab es in Drogerien . In wenigen
Jahre , Adams und anderen Herstellern verkauft wurden
Verschiedene Varianten von Chicle -Gummi -Basis in großen Mengen.
Es konnte jedoch kein frühen Zahnfleischgeschmacksehr lange halten . dies
Problem wurde erst 1880 festgelegt, wenn William White
kombiniert Zucker und Maissirup mit Chicle . Amerikaner
Unternehmer William Wrigley Jr. und Frank H. Fleer
machte weitere Entwicklungen auf den Geschmack Problem. Wrigley
gegründet Wrigleys Chewing Gum Company in Chicago
im Jahr 1891 und verwendet clevere Marketing- Strategie, die sich
berühmtesten Kaugummi -Marke der Welt . In einer solchen klugen
bewegen , verschickt er 3 Stangen freien Kaugummi an alle aufgeführt
der amerikanische Telefonbuch - mehr als 7 Millionen Menschen !
Viele ihrer frühen Marken wie Juicy Fruit , Spearmint und
Doublemint sind auch heute noch sehr beliebt.
Im Jahr 1906 , Philadelphia ansässige Firma Fleer war es, dass
Chiclet gestartet , die erste Süßigkeiten beschichtet Kaugummi. Sugarfree
Gummi, von Zahnärzten empfohlen , eingeführt wurde
in den 1950er Jahren . In den 1960er Jahren , billiger künstlichen Latex
Materialien weitgehend ersetzt Chicle . Allerdings Chicle
weiterhin das gemeinsame Wort für Kaugummi sein,
Spanisch .

GUMBALLS

Der Legende nach wurde die Kaugummi rund erfunden
der Anfang des 20. Jahrhunderts von einem anonymen deutschen
Einkaufsmöglichkeit in New York. Eines Tages ärgerte , dass seine Blöcke
Kaugummi wurden nicht verkaufen , wattierte er ein Stück und schleuderte es
über das Geschäft . Die wad Kaugummi in ein Fass fiel dann
Zucker und erwarb eine neu glänzenden Aussehen.
Der Lebensmittelhändler zeigte dann seine Entdeckung an einen Freund , von
den er ausgeliehen eine Erdnuss -Automaten , die Änderung
der Mechanismus , um Kugeln aus Gummi zu verzichten. ob dies
Geschichte wahr ist , ist nicht bekannt , aber es gab angeblich
Automaten für Stick oder blockförmigen Gummi so früh
1888 . 1897 das Pulver Manufacturing Company
hinzugefügt animierte Figuren seiner Gummi -Maschinen als zusätzlichen
Attraktion. Allerdings sind die ersten Maschinen zur Durchführung tatsächlichen
Kaugummikugeln wurden bis 1907 nicht gesehen , wahrscheinlich freigegeben
zuerst von Thomas Adams Gum Co. in den USA.
Amerikanische Unternehmer Henry Frank Fleer war eine der
Pioniere von Kaugummi . Zu seinen frühen Projekten
war die Schaffung candy- beschichteten Gummi und seine Erfindung ,
Chiclet , ist auch heute noch sehr populär . Fleer suchte
ein elastischer Art von Gummi und trotz seiner ersten schrecklich
klebrig und chaotisch versucht er schließlich am Ende mit
was wir wissen, wie Kaugummi . Seltsamerweise war es sein Buchhalter, Walter Diemer , die mit der
Suche nach gutgeschrieben wird das
richtige Kombination der Inhaltsstoffe der Gummi elastisch zu machen
genug, um in einer Blase ohne Terpentin erfordern blasen
um es von der Haut zu entfernen, da die ersten Prototypen Fleer haben!
Diemer auch die traditionelle Farbe von rosa Kaugummi fest
nur mit Hilfe der Farbton auf dem Regal , als er
macht seine Gebräu . Seine 1928 Schöpfung, Dubble Blase,
wurde der erste kommerziell erfolgreiche Kaugummi . es
wurde ursprünglich als Kaugummikugeln mit dem Namen gestempelt verkauft
auf dem Süßigkeiten -Beschichtung und später als kleine Steine mit Comic-
Wrapper. Es ist auch heute noch beliebt.
1923 patentiert , die Norris Manufacturing Company
ihre Master- Linie von Chrom Kaugummiautomaten hergestellt
in den 1930er Jahren . Diese Maschinen könnten entweder akzeptieren
Pfennige oder Nickel .
Eine weitere frühe Hersteller von Kaugummi für Kaugummi
Maschinen in den USA wurde 1934 der Ford - Gum gegründet
und Machine Company aus Akron , New York. der Ford
Marke von Kaugummiautomaten hatten auch einen glänzenden Chrom
Farbe. Heute Kaugummikugeln und die Maschinen sie platziert werden
in sind allgegenwärtig und überall von Friseur vorhanden
Geschäfte und Reinigungen zu Lebensmittelgeschäften und sogar einige
Executive-Suiten.

Instant-Nudeln

Taiwan- japanischer Geschäftsmann Momofuku Ando
Instant-Nudeln erfunden . Im Jahr 1958 gründete er Nissin
Foods, in Osaka , Japan. Jahre nach dem Ende der
Zweiten Weltkrieg gab es eine ständige Nahrungsmittelknappheit in
Japan, und Ando , dann eine Bankpräsident zum Schluss, dass
Hunger war der drängendsten globalen Thema seiner Zeit. in
1957 scheiterte seine Bank und Ando begann eine massenproduzierten entwickeln
dehydriert Nudelsuppe (Ramen), um es zu lösen.
In seinem ersten Jahr hatte Ando keinen Erfolg überhaupt. Die meiste Zeit
die Textur der Nudeln nach dem Kochen war nicht richtig.
Eines Tages jedoch , warf Ando einige der Nudeln in
Tempura- Öl, das seine Frau erhitzt Abendessen zu kochen . er
dann entdeckt, dass Flash- Braten entwässert die Nudeln
und gab ihnen eine längere Haltbarkeit . Nicht nur, dass es auch
erstellt winzige Löcher , die sie schneller kochen gemacht .
Instant- Nudeln wurden geboren und im Alter von achtundvierzig ,
Ando begann seine Karriere als Mr. Noodle .
Instant-Nudeln wurden zuerst in Japan am 25. August vermarktet werden,
1958 unter dem Markennamen Chikin Ramen , was bedeutet, Huhn
Ramen . Verbraucher schnell umarmte den Komfort
Instant- Ramen machen zu Hause. Es wurde ein Grundnahrungsmittel in
Japan und anderen Marken wie Nestlé Maggi trat die Markt. Ando wiederum sah für internationale
Kunden.
Ando hatte seine nächste große Idee auf einer Geschäftsreise in die
USA im Jahr 1966. Er beobachtete Supermarkt Führungskräfte in Los
Angeles mit ihrem Styropor Kaffeetassen wie Ramen- Schalen.
Neugierig geworden, repliziert Ando diese provisorischen Container für
ein neues Produkt. Im Jahr 1971 eingeführt, Nissin Cup Noodles -
Instant-Nudeln in einem wasserdichten hitzefestem Polystyrol
Tasse, die nur benötigt, kochendes Wasser zu kochen. Cup Noodles
war sehr erfolgreich , vor allem im Ausland, wo Schüsseln oder
Stäbchen waren in der Regel nicht zur Verfügung.
Instant-Nudeln haben sogar im Weltall ! Ando entwickelt
Raum Ram , ein vakuumverpackt Instant Ramen gemacht
vor allem für japanische Astronaut Soichi Noguchi aus dem Jahr 2005
Reise auf dem Discovery Space Shuttle.
Laut einer japanischen Umfrage im Jahr durchgeführt
2000 ", die Japaner glauben, dass ihre beste Erfindung des
das zwanzigste Jahrhundert . " Ab 2010
rund 95 Milliarden Portionen von Instant-Nudeln sind
weltweit jedes Jahr gegessen. Das ist ein Durchschnitt von 14
Schalen pro Person! Wie Momofuku Ando, der später
ein japanischer Nationalheld , sagte: " Die Menschheit ist Noodlekind . '

NON- Kochgeschirr

Die Entdeckung von Antihaft- Technologie begann mit Forschungs
auf dem Kühlschrank . Dr. Roy Plunkett , ein US-amerikanischer Chemiker
an der Kinetic Chemicals Anlage , eine Tochtergesellschaft von DuPont , war
Suche nach einem weniger toxischen Chemikalie als Kältemittel zu verwenden.
Im Jahr 1938 zusammengebraut Plunkett eine Mischung , die gemeint war
Tetrafluorethylengas produzieren und ließ es über Nacht an eine
niedriger Temperatur und unter Druck. Am nächsten Morgen ,
er kam bei der Arbeit , um eine weiße , wachsartige Substanz statt finden
der Gas hatte er erwartet . Die neue Substanz war ein
Polymer Polytetrafluorethylen (PTFE). Es war schnell
als außergewöhnlich rutschig und chemisch erkannt
inerte Substanz . DuPont Warenzeichen der Prozess-und
Chemikalie, die als Teflon im Jahre 1945.
Bis 1951 hatte Dupont kommerzielle Anwendungen entwickelt
für Teflon in Brot und Cookie Herstellung Markt. aber
sie den Markt für Consumer- Kochgeschirr vermieden durch
potenzielle Probleme mit der Freisetzung von toxischen verbunden
Gase . Es war nicht , bis ein Ingenieur namens Marc Französisch
Grégoire einen Weg gefunden, PTFE mit Aluminium verbinden
dass die erste Antihaft- Kochgeschirr wurde erstellt. Grégoire
begonnen hatte Beschichtung seine Fanggeräte mit Teflon zu verhindern
Verwicklungen . Seine Frau Colette mit der gleichen vorgeschlagen
Verfahren zur Beschichtung ihrer Pfannen . Colette Idee war sofort erfolgreich und ein Französisch
Patent wurde für den Prozess im Jahr 1954 gewährt . Im Jahr 1955 , dem
Gregoires begann mit der Herstellung und Verkauf von Antihaft- Kochgeschirr
aus ihrer Küche. Dies erwies sich als so beliebt, dass im Jahr 1956
sie die Tefal Corporation, indem Tef gebildet gegründet
aus Teflon und Al aus Aluminium . Ein paar Jahre später ,
ein Amerikaner namens Thomas Hardie erfüllt Grégoire während
auf einer Geschäftsreise . Er wurde mit dem Kochgeschirr beeindruckt
DuPont und überredete sie in den USA zu importieren. aber
DuPont bestand darauf, den Namen zu ändern , um Tefal T -Fal als
der Name war zu nahe an ihre Markennamen Teflon .
Nach zahlreichen Versuchen , das Interesse Einzelhändler, Hardie
schließlich davon überzeugt, Macy Kaufhaus in New
York City, um einen kleinen Auftrag von T -Fal Pfannen zu platzieren. sie
ging auf Verkauf für $ 6,94 am 15. Dezember 1960 und zum
Erstaunen aller , schnell ausverkauft , auch während der
ein schwerer Schneesturm. In der Tat war Antihaft- Kochgeschirr so
erfolgreich, dass die Fabriken nicht Ausbau der Produktion konnte
schnell genug , um die Nachfrage zu erfüllen. Bis 1961 hatte T -Fal Verkaufs
erreicht eine Million Stück pro Monat allein in den USA . andere
Hersteller trat bald den Markt wie Wearever, All-
Clad , Faberware, Wikinger, und Circulon . Während andere Antihaft-
Beschichtungsmaterialien wurden auch erfunden , ist es , dass Teflon
hat den Markt dominiert.

CHOPSTICKS

Stäbchen oder kuaizi sind die traditionellen Essgeschirr von
China, Japan , Korea und Vietnam. traditionell kuaizi
in der dominanten Hand zwischen Daumen und gehalten wird,
Finger und verwendet zu holen Stücke von Lebensmitteln . Die englische
Wort aus der chinesischen Ess-Stäbchen kann abgeleitet worden
Pidgin Englisch Wort chop -chop bedeutet schnell .
Nach der chinesischen Geschichte waren Stäbchen zuerst verwendet
während der Shang -Dynastie, und Zhou, der letzte König der
Shang -Dynastie, verwendet Elfenbein Stäbchen. Doch Experten
glauben, dass Bambus und Holz- Stäbchen waren im Einsatz
über 1.000 Jahre vor Elfenbein Stäbchen. die früheste
physische Beweise für ein Paar Stäbchen gemacht wurden
aus Bronze und aus den Ruinen des Yin, der zuletzt ausgegraben
Hauptstadt der Shang -Dynastie, um 1200 v. Chr. aus . die
frühesten bekannten Text Bezug auf die Verwendung von Stäbchen
ist aus dem 3. Jahrhundert vor Christus.
Die ersten Versionen von Stäbchen verwendet worden sein
zum Kochen , Rühren das Feuer und dient oder die Beschlagnahme von Bits
Essen, aber nicht als Essgeschirr . Mit einer wachsenden Bevölkerung
und knappen Energieressourcen , die alten Chinesen begonnen
Nahrung in kleine Stücke geschnitten , so wäre es schneller zu kochen und
nur minimalen Kraftstoff. Diese mundgerechte Bissen gemacht Messer unnötig an den Tisch und waren
perfekt zum Essen
Stäbchen. Essstäbchen fing an, als Essgeschirr verwendet werden
während der Han -Dynastie , da sie mehr waren Lack
freundlicher als andere scharfe Essgeschirr .
Nach 500 n. Chr. , hatte Essstäbchen aus China in andere verbreiten
Länder wie Korea, Vietnam und Japan. frühen japanischen
Stäbchen wurden ausschließlich für religiöse Zeremonien verwendet
und die wurden aus einem Stück Bambus verbunden
Spitze. Diese sah ein wenig wie Pinzette. Bis zum 10.
Jahrhundert wurden sie jedoch als zwei separate gemacht
Stück. Gold-und Silber Stäbchen wurde in das beliebte
Tang-Dynastie (618-907 n. Chr.). Aber es war nur der während
Ming-Dynastie (1368 - 1644 n. Chr.) , dass Stäbchen wurde
beliebt sowohl für Portion und Essen, hießen kuaizi ,
und erwarb ihre heutige Form .
Wussten Sie schon?
Im antiken und mittelalterlichen China, waren Silber Stäbchen
manchmal verwendet, weil man glaubte , sie würden
schwarz werden , wenn sie in Kontakt mit vergifteten Essen kam .
Diese Praxis muss an einigen unglücklichen geführt haben
Missverständnisse. Es ist nun bekannt, dass Silber nicht
Reaktion auf Arsen oder Blausäure , kann aber die Farbe ändern , wenn sie
kommt in Kontakt mit Knoblauch, Zwiebeln, oder faule Eier - von allen
die Schwefelwasserstoffgas freisetzen.

Frischhaltefolie

Frischhaltefolie oder - Lebensmittelfolie ist eine Dichtung verwendet , um dünne Kunststofffolie
Lebensmittel in Behältern , damit sie frisch bleiben über
einen längeren Zeitraum. Diese Packungen können auf viele klammern
glatten Oberflächen und kann dicht bleiben , während für
die Öffnung eines Behälters ohne Klebstoff oder andere
Geräte. Cling -Wrap ist im Volksmund als Gladwrap bezeichnet
in Australien und Neuseeland, und Saran -Wrap- in
Nordamerika. Es wurde ursprünglich von Polyvinylidenfluorid gemacht
Chlorid oder PVDC . Diese Filme wirken als Barriere gegen
Sauerstoff, Feuchtigkeit , Chemikalien und Hitze und so sind perfekt
zum Schutz von Nahrungsmitteln sowie Verbraucher-und Industrie
Produkte.
Im Jahr 1933 , Ralph Wiley, ein Student, der Arbeits wurde
als Laborantin bei Dow Chemicals, versehentlich
PVDC entdeckt , als er in einem Fläschchen konnte er nicht kam
schrubben sauber. Er nannte die Substanz in der Ampulle eonite ,
nach einem unzerstörbaren Material in der Comic- Kleine
Orphan Annie . Dow Forscher umgewandelt Ralph eonite
in eine fettige , dunkelgrün Film und nannte es Saran statt .
Dow später bekam der grünen Farbe und den unangenehmen Saran los
Geruch. In den ersten Jahren nach der Entdeckung von Saran, es
wurde durch das Militär genutzt, um ihre Kampfflugzeuge so sprühen
dass sie gegen salzige Gischt geschützt und von Automobilherstellern für Polster . Im Jahr 1956 , der US
Food & Drug
Administration (FDA) genehmigt PVDC für bestimmte Lebensmittel
Kontakt sowie Lebensmittelverpackungen. Zusätzlich hat PVDC
Auch für die Verwendung als Nahrungsmittelkontaktflächein der geräumt
Form aus einem Basispolymer , in Lebensmittelverpackung Dichtungen in direktem
mit trockenen Lebensmitteln zu kontaktieren, und für Kartonbeschichtungen
mit Fett und wässrigen Lebensmitteln in Verbindung.
SC Johnson vertreibt jetzt die Marke von Kunststoff- Saran - Wrap
Film. Im Juli 2004 wurde der Name geändert wurde Saran Original-
Saran Premium und die Formulierung wurde geändert
Polyethylen niedriger Dichte (LDPE) , das eine sicherere und
umweltfreundlicher Kunststoff. Glad- Wrap von
Union Carbide Corporation, und Handi- Wrap , sind andere
LDPE- Basis Haft-Wickel- Marken.
Wussten Sie schon?
Der Song Plastikfolie von der australischen Singer-Songwriter Sam
Sparro enthält Texte wie zum Beispiel:
Sie müssen gedacht haben, ich war Ihr Snack ,
Denn jetzt werden Sie mich wie Frischhaltefolie haften.
Oh, weil du mich liebst.
Wann bist du so verrückt?
Sie sind klebrig, klebrig Sie sind, können Sie klebrig sind,
Und du bist wie Frischhaltefolie .

KONSERVEN

Die Geschichte von Konserven beginnt im Jahr 1795 , wenn die Französisch
Regierung bot 12.000 Franken , eine große Auszeichnung , für jeden
, die ein Verfahren zur Konservierung von Lebensmitteln erfinden könnte . Napoleon
hatte bekanntlich festgestellt, dass eine Armee " reist auf dem Bauch ",
weil seine Truppen waren viel mehr von Hunger zerstört
und Skorbut als durch Kampf.

Pariser Nicholas Appert , nach dem Experimentieren für 15 Jahre,
Lebensmittel, die von teilweise Koch es , Dichtungs erfolgreich erhalten
es in luftdicht verschlossenen Flaschen mit Korken und Eintauchen
diese in kochendem Wasser. Proben von Apperts Essen waren
durch Napoleons Truppen, die auf dem Seeweg über gereist genommen
4 Monate , und es blieb frisch. Er wurde belohnt
1810 von dem Kaiser , der für seine Erfindung. Er schrieb auch ein
Buch mit dem Titel Das Buch der Haushalte oder Die Kunst der Erhaltung
Tierische und pflanzliche Stoffe, für viele Jahre.

Britischen Handels Peter Durand patentiert die luftdichten Dose
können Verfahren zur Konservierung von Lebensmitteln und anderen verderblichen Waren in
Jahr 1810. Den Rest seiner Konservierungsprozess war ähnlich
Apperts . Die Dosen wurden aus Eisen, mit Zinn beschichtet
um Rost zu verhindern und waren viel leichter zu handhaben als
Appert die Glasflaschen . Im Jahre 1812 verkaufte Durand sein Patent an
zwei Engländer , Bryan Donkin und John Hall, für £ 1.000 . Sie gründeten eine Handelskonservenfabrikin
Bermondsey,
England, und 1813 produzierten Konserven für
die britische Armee und Marine. Nahrhaftes Gemüse in Dosen
bald beseitigt Skorbut.

Sir William Edward Parry machte zwei arktischen Expeditionen zu
die Nordwestpassage in den 1820er Jahren und nahm Konserven
sowohl auf seinen Reisen . Ein Vier- Pfund- Dose Kalbsbraten ,
auf beiden Fahrten durchgeführt, jedoch nie geöffnet, wurde erhalten
ein Museum , bis es im Jahre 1938 eröffnet. Die Inhalte , dann
über hundert Jahre alt, wurden gefunden, um perfekt zu sein
essbar! Aber früh Dosen wurden mit Blei-Lot , versiegelte die
manchmal Bleivergiftung verursacht . Berühmt , die Mitglieder der
Sir John Franklins Arktis-Expedition 1845 erlitt schwere
Vergiftung führen nach drei Jahren essen Dosen Hundefleisch .

Die moderne Dosenöffner wurde 1865 erfunden , so dass
Konserven noch komfortabler. Die Damen
oder oben offen kann, wurde von der Sanitär Can eingeführt
Company of New York im Jahr 1904. Begann es bald zu dominieren
der Markt , weil es einfach in der Herstellung und
Kein Löten erforderlich , wodurch die Möglichkeit eliminiert
Bleivergiftung . Heute gibt es mehr als 600 Größen
und Stilen Dosen hergestellt und Konserven
ist beliebter als je zuvor.

Dosengetränken

Dosen wurden verwendet, um Bier und Softdrinks schon verpacken
als 1930. waren sie robuster als Glasflaschen und einfacher
zu lagern und zu transportieren . Frühe Getränke in Dosen wurden factorysealed
und benötigt einen speziellen Öffner. Diese zylindrischen
Punch oben Dosen wurden aus Eisen oder Zinn hergestellt und hatte eine flache Oberseite
und unten. In der Mitte der 1930er Jahre, Dosen mit kegelförmigen Spitzen
und Mützen , die geöffnet werden können und goss wie Flaschen
entwickelt. Diese Kegel Tops und crowntainers waren
bis in die späten 1950er Jahre produziert.
Die ersten Dosen Softdrinks, Cliquot -Club Ginger Ale ,
wurde im Jahre 1938 ins Leben gerufen. Es verwendet einen Kegel oben hergestellt
von der Continental Can Company , die oft zugespielt oder
vermittelt einen metallischen Geschmack des Getränks. Diese Probleme
gemacht Dosengetränken langsam an zu fangen . Nach dem Zweiten Weltkrieg
Dosen bestand nur zehn Prozent des Getränkemarktes .
Es dauerte mehrere Jahre, bis die Störungen ausgearbeitet werden . ein
verbessertes Design von Continental Kann endlich erlaubt
Pepsi-Cola , die erste große Dosen Erfrischungsgetränk starten
1948. Seine Popularität wurde durch Metallknappheitwährend verzögert
der Koreakrieg in den frühen 1950er Jahren , aber bis 1960 , Pepsi und
Royal Crown wurden eine große Anzahl von Dosen weichen verkaufen
Getränke. Inspiriert von der Konkurrenz, begann Coca -Cola
Marketing- Dosen im großen Maßstab bald darauf . Amerikaner Ermal Fraze entwickelte das Pull-Tab
Auftakt in
1959. Dies eliminiert die Notwendigkeit für einen separaten Dosenöffner .
Offenbar , während bei einem Picknick , vergaß Fraze ein bringen
Dosenöffner und war gezwungen, eine Auto-Auto verwenden, um hebeln die
Dosen öffnen. Eine Nacht erinnerte er sich an den Vorfall und
begann die Arbeit an einem selbstöffnenden kann. Andere hatten versucht
kommen mit ähnlichen Geräten , aber sie versagt oder
brach leicht . Fraze lösen diese Probleme und seine Erfindung
Getränke in Dosen gemacht noch beliebter . Bis 1965 , fast
75 Prozent der US- Brauereien nutzten es . jedoch
Menschen neigten dazu, nach dem Öffnen wegwerfen die Registerkarte Ihre
können , die Schaffung eines großen Littering Problem.
Bald Stahl-und Konservendosen wurden durch Aluminium ersetzt
diejenigen , die viele Vorteile - Licht waren sie hatte ,
billig, korrosionsbeständig , langlebig und recycelbar. die
erste Aluminium-Getränkedose wurde hergestellt von
Reynolds Metals Company im Jahr 1963 und für eine Diät-Cola verwendet
Slenderella genannt . Royal Crown hat den Aluminium
kann in 1964 und 1967 , gefolgt Pepsi und Coke .
Im Jahr 1977 patentierte Fraze die erste nicht-entfernbare , pushin
und Klapp- Pop Registerkarte Opener. Dies löste die Einstreu
Probleme mit der Aufreißlasche verbunden. Bis 1985 , dem poptab
Aluminiumdose verpackt dominierten die Getränke
Markt.

Aluminiumfolie
Aluminiumfolie wird als Aluminiumplatten definiert,
weniger als 0,2 mm dick. Haushaltsfolie ist noch dünner ,
typischerweise 0.016 mm oder 0.024 mm . Etwa 75 Prozent
Aluminiumfoliezur Verpackung von Lebensmitteln , Kosmetika
und chemische Produkte. Der Rest wird in der Industrie verwendet
Anwendungen. Der Begriff Aluminium-Folie wurde populär
von Reynolds Metals , dem führenden Hersteller in Nord-
America .
Metallisches Aluminium wurde in großen Mengen verfügbar
im Jahre 1888 . Alfred Gautschi von Gontenschwil , Schweiz
war der erste, Aluminiumfolie 1903 erzeugen , unter Verwendung von
Die bekannten Stapel-Walzprozess . Gautschi gestapelt ein
Anzahl von dünnen Aluminiumblechen in einer Packung und gerollt
sie zwischen schweren Eisenzylinder . Er wiederholte den Vorgang
mit zunehmend kleineren Lücken zwischen den Zylindern
bis die gewünschte Foliendicke erhalten wurde. ein anderer
Anfang Hersteller war Dr. Lauber, Neher & Cie , basierend
in Kreuzlingen , Schweiz. Im Jahr 1907 entdeckten sie,
Alternativ kontinuierlichen Walzprozessund die Verwendung von
Aluminiumfolie als Schutzbarriere .
Zinn -Folie hatte im Handel erhältlich seit dem späten
19. Jahrhundert. Aber es war nicht sehr formbar und gab ein leicht metallischen Geschmack auf Nahrung
darin eingewickelt . Daher ist die neue
Material schnell ersetzt es . Im Jahr 1911 , in der Schweiz ansässigen
SüßwarenfirmaTobler begann Einwickeln seine Schokolade
Bars in Aluminiumfolie , einschließlich ihrer einzigartigen dreieckigen
Schokolade , Toblerone . Die Verwendung von Aluminiumfolie
wickeln Schokolade war fast sofort ein Erfolg , weil es
geschützt vor Feuchtigkeit und hielt das Aroma erhalten. von
1912 Aluminiumfolie wurde auch von Maggi verwendet , jetzt
Nestlé Maggi , zu packen, Suppen und Suppenwürfel .
Die kommerzielle Produktion von Aluminiumfolie in den USA begann
im Jahr 1913. Die ursprüngliche Markt war sehr klein , so dass Bein
Bänder für die Identifizierung Brieftauben . Doch schon bald gab es
viele andere Anwendungen wie Wickel für Schokolade, Tee,
Life Savers Pfefferminzbonbons , Schokoriegel und Kaugummi . Im Jahr 1921
die erste Faltschachtel laminiert mit Aluminiumfolie
hergestellt. Die Milchindustrie war einer der ersten Anwender
seit Aluminiumfolie nicht schwarz werden in Kontakt mit
Käse und etwa 20 Prozent billiger als Alufolie .
Haushaltsfolie wurde erstmals in den späten 1920er Jahren vermarktet.
Aluminiumfolie wurde zu einem großen Verpackungsmaterial
im Zweiten Weltkrieg . Nach dem Krieg begann seine Anwendungen
sich zu vermehren , wie vorgeformte Folienlebensmittelbehältern, die waren
zuerst im Jahre 1948 ins Leben gerufen. Heute Aluminiumfolie in hellen
Farben , gedruckt, geprägt oder laminiert - ist überall.

JALOUSIEN

Jalousien und Lamellenvorhänge sind einige der am meisten
häufigsten verwendeten Jalousien. Sie können hergestellt werden
Kunststoff-, Metall -, Bambus- , oder auch Holz , mit den Lamellen
eine auf der Oberseite des anderen . Als Schnüre oder Bänder aussetzen
Die Jalousien können alle Horizontallamellen auf der drehbar
gleichzeitig in der Weise, dass eine Lamelle überlappt, die
anderen . Dies hilft, die Menge an Licht, strömt, zu steuern
in den Raum. Zusätzliche Zugseile durch jede
horizontale Lamellen Hilfe zum Heben und Senken der Jalousien . Die Lamellen
Breiten variieren , wobei 25 mm die am häufigsten
Gebraucht Breite .
Die Jalousie lässt sich bis zur Mitte des 18. verfolgt werden
Jahrhundert, aber viel von seiner frühen Geschichte ist auf Vermutungen basiert.
Obwohl Patent Aufzeichnungen Kredit Gowin Knight and Edward
Beran von England mit der Erfindung der Jalousien, es
Es wird angenommen , dass die Französisch wurden unter Verwendung dieser Jalousien vor
sie . Doch um dieser Jalousien bezeichnet die Französisch als les
Persiennes , was auf eine asiatische Herkunft. Einige Konten
vermuten, dass die Venezianer, die Händler waren , lernte
über diese Jalousien von den Persern , und es war der
Venezianischen Sklaven, die sie in Frankreich eingeführt.
Im Jahre 1761 wurde St. Peter-Kirche in Philadelphia die erste Gebäude in den Vereinigten Staaten , um
mit venezianischen montiert werden
Jalousien. John Webster ist , die erste Person gutgeschrieben
in den Vereinigten Staaten zu verwenden und verkaufen Jalousien in
1767 . Jalousien in der Malerei 1787 erschien dann
von JL Gerome Ferris, mit dem Titel Der Besuch von Paul Jones zu
der Verfassungskonvent . Andere Abbildungen zeigen
Jalousien an der Independence Hall in Philadelphia
zum Zeitpunkt der Unterzeichnung der US Erklärung
Independence .
Zwischen dem 19. und frühen 20. Jahrhundert , die meisten Büro
Gebaude in den Vereinigten Staaten begann mit venezianischen
Jalousien , um den Fluss von Licht in ihre Arbeitsbereiche zu regulieren.
In den 1930er Jahren , die Radio City Music Hall Gebäude
und das Empire State Building in New York City wurde
die erste große moderne Bürokomplexezu venezianischen verwenden
Jalousien für die Fenster . Die Burlington Jalousie
Co. in Burlington , Vermont, wird mit der Lieferung gutgeschrieben
der größte Einzelauftrag für Jalousien , die waren
verwendet, um die 6.500 Fenster , über 102 Stockwerken zu decken,
des gesamten Empire State Building.

STAHLBETON

Das Wort Beton kommt aus dem lateinischen Wort concretus
was bedeutet, kompakt oder kondensiert. Stahlbeton
enthält Verstärkungsstrukturen mit hoher Zugfestigkeit ,
wie Stahlstäbe , die die geringe Zugfestigkeit entgegenzuwirken
und Elastizität der Normalbeton . Diese Strukturen sind
in neue Beton eingebettet , bevor es aushärtet.
Beton für den Bau verwendet wurde seit der Römer
Zeiten. Aber früh Beton bewehrt und hatte sehr
geringe Zugfestigkeit . Es ist nicht mit Sicherheit bekannt , die
der Erfinder der Verstärkung war aber der Bau von
kleine Ruderboote von Jean-Louis Lambot in den frühen 1850er Jahren
kann die erste erfolgreiche Beispiel sein. Lambot , ein Bauer ,
verstärkt seine Boote mit Eisenstangen und Drahtgeflecht. Er hat auch
vorgeschlagen , das Material für den Bau von Gebäuden verwendet werden.
Im Jahre 1854 , ein Stuckateur , William Wilkinson von Newcastle- upon-
Tyne , England, baute einen kleinen zweistöckigen Häuschen Diener ,
Verstärkung der Betonboden und Dach mit Eisenstangen
und Drahtseil, und patentiert diese Art der Konstruktion in
England. Wilkinson baute mehrere solcher Strukturen , die sind
oft als die ersten Stahlbeton- Gebäuden.
Joseph Monier war ein Pariser Gärtner, Garten gemacht Töpfe und Kübel aus Beton mit einem
Eisengeflecht verstärkt.
Er stellte seine Erfindung auf der Pariser Weltausstellung von 1867 .
Er hat auch Stahlbeton gefördert für den Einsatz in Eisenbahn
Schwellen, Rohre , Böden , Bögen und Brücken , aber nie
verstanden, das Funktionsprinzip der Verstärkung.
Der Baumeister Francois Französisch Coignet war der erste,
Verwendung in Stahlbetongebäudenim großen Maßstab . er
begann das Experimentieren mit Eisenbetonin
1852 . Ein Jahr später baute er ein vierstöckiges Haus, das völlig
aus Stahlbeton in St. Denis , einem nördlichen Vorort von
Paris . Dieses denkmalgeschützte Gebäude steht noch.
Im Jahre 1879 kaufte die Rechte an Monier GA Wayss
System und Pionier Stahlbetonkonstruktion in
Deutschland und Österreich. Ernest Ransome von San Francisco,
Kalifornien, ein System patentiert im Jahr 1884 , die verdrehten verwendet
Vierkantstäbe , um die Bindung zwischen dem Beton zu verbessern
und die Verstärkungs und verwendet es für mehrere große Gebäude .
Auch hatte Francois Hennebique von Paris begonnen zu bauen
Stahlbeton- Häuser, die von den späten 1870er Jahren . Im Jahr 1892 , er
patentierte das Hennebique System der Konstruktion und begann
Franchises in den großen Städten zu etablieren. Sein modulares System
kombiniert Säulen und Balken in einem einzigen monolithischen
Element und war größtenteils für das rasante Wachstum verantwortlich
der Stahlbetonkonstruktion in Europa.

KARTEN

Hallmark Cards und American Greetings sind die größten
Hersteller von Grußkarten in der Welt. Es wird geschätzt,
dass eine Person allein in Großbritannien sendet 55 Karten pro Jahr
ein Durchschnitt , so dass eine Milliarde Grußkarten -Pfund - im-Jahr-
Geschäft. Der Brauch, Grußkarten Daten
zurück zu den alten Chinesen, die ausgetauschten Nachrichten
des Goodwills auf das neue Jahr zu feiern und bis in die frühen
Ägypter, die ihre Grüße auf Papyrus gefördert
Schriftrollen.
Büttenpapiergrußkartenwurden in ausgetauscht
Europa im frühen 15. Jahrhundert. Die Deutschen sind bekannt
zum Neujahrsgrüße aus der Holzschnitte als gedruckt haben
Bereits 1400 und handgeschöpftes Papier Valentines wurden
in verschiedenen Teilen Europas in der frühen bis mittleren ausgetauscht
15. Jahrhundert.
Von den 1850er Jahren hatte die Grußkarte von umgewandelt worden
eine relativ teure , handgemacht und hand geliefert
Geschenk an eine beliebte und erschwingliche Mittel der persönlichen
Kommunikation. Dies stellt neue Trends wie speziell
Weihnachtskarten entworfen von Sir Henry Cole in London
1843 , die erste Veröffentlichung der Valentinstag -Karten in den Vereinigten
Staaten von Esther Howland im Jahre 1849, und Unternehmen wie Marcus Ward & Co., Goodall, und
Charles Bennett massproducing
Grußkarten in den 1860er Jahren. Doch Louis
Prang ist allgemein mit dem Anfang der Ansage gutgeschrieben
Kartenindustrie in Amerika im Jahre 1856 . In den frühen 1870er Jahren ,
Prang begann die Veröffentlichung Deluxe- Editionen von Weihnachten
Karten, die einen Markt in England gefunden. Im Jahr 1875
er führte die erste komplette Linie von Weihnachtskarten
an die amerikanische Öffentlichkeit .
Eine Reihe der heute führenden Grußkarte Verleger,
, die mehr auf der Stimmung Ausdruck , als konzentrierte
auf Abbildungen, wurden um 1906 gegründet. Sie
eingeführt wichtige Innovationen im Druckverfahren ,
Techniken und dekorative Behandlungen für Gruß
Karten. Farblithographie(1930) war eine solche Innovation.
Im Zweiten Weltkrieg , die amerikanische Grußkarte
Industrie ihre Ressourcen gebündelt , um die Regierung zu helfen
verkaufen Krieg - Anleihen und Karten, um Soldaten stationiert
Übersee. Diese Periode markiert auch den Beginn seiner
enge Beziehung mit dem US Postal Service .
Humorvolle Grußkarten, als Studio- Karten bekannt , wurde
in den späten 1940er und 1950er Jahren beliebt. Mit dem Aufkommen von
die elektronische Internet - Karten , E-Cards sind mittlerweile
sehr beliebt.

Taschenbücher

Ein Taschenbuch, auch als Softcover oder soft bekannt ist, ist gekennzeichnet durch ein dickes Papier oder Pappe Abdeckung zusammen mit Leim statt Nähte oder Klammern gehalten . Preiswerte Bücher in Papier gebunden haben , da gab es bei dest das 19. Jahrhundert als Broschüren, yellowbacks , dime Romane, und Flughafen- Romane. Die meisten modernen Taschenbücher sind in die " Massenmarkt " oder "Handel" Taschenbücher eingestuft. Deutsch Albatross Verlag Bücher Pionier der 20. Jahrhundert Massenmarkt- Taschenbuchformat im Jahr 1931 , aber Zweiten Weltkrieg geschnitten das Experiment kurz. Im Jahr 1935 , British Verlag Allen Lane startete die Penguin Books Impressum mit Nachdruck zehn Titeln. Das Impressum nahmen viele von Albatross ' Innovationen , einschließlich einer auffälligen Logo und farbcodierte Abdeckungen für verschiedene Genres, und war ein unmittelbaren finanziellen Erfolg. Penguin Books wesentlichen begann die Revolution in der Paperback- englischsprachigen Buchmarkt. Die Nummer eins auf Penguin allerersten Liste der Bücher im Jahr 1935 war André Maurois ' Ariel . Lane wollte preiswerte Bücher zu produzieren. Er kaufte Taschenbuchrechtevon Verlagen , bestellte Großdruck Pisten, rund 20.000 Exemplaren, und sah für nicht-traditionelle Einzelhandelsstandorte an Einheitspreise niedrig zu halten. Buchhändler waren zunächst zurückhaltend , um seine Bücher zu kaufen, aber wenn Woolworths einen Großauftrag , verkauft die Bücher sehr gut . nach dass erste Erfolge waren die Buchhändler nicht mehr widerwillig Aktientaschenbücher. Im Jahr 1939 , Robert de Graaf der Vereinigten Staaten zusammen mit Simon & Schuster , die Pocket Books Label zu erstellen . die tige Tasche Buch wurde bald zum Synonym für Taschenbuch in englischsprachigen Nordamerika. De Graaf , wie Lane, erworbenen Taschenbuchrechtevon anderen Verlagen und produziert viele Läufe . Um eine noch breitere erreichen Markt als Lane, verwendet er die Vertriebswege von Zeitungen und Zeitschriften, die eine lange Geschichte hatte ist, bei Massenpublikum ausgerichtet. Dies war der Anfang von Massenmarkt- Taschenbüchern . Trade Paperbacks , die sind von Buchgroßhändlerund Händler verteilt waren um die gleiche Zeit ins Leben gerufen. James Hilton Lost Horizon wird oft als der erste genannt Amerikanischen Taschenbuch wegen seiner Nummer eins Position in dem, was zu einem sehr langen Liste von Taschenausgaben . Aber der erste Massenmarkt- Taschenformat , Taschenbuch in den USA war eine gedruckte Ausgabe von Pearl Buck The Good Earth von Pocket Books als Proof-of -Concept- in erzeugt Ende 1938 und in New York verkauft. Im Jahr 1960 betrug der Umsatz bei Paperback Bücher übertraf die des ersten Hardcover .

FLASH

Franzose George Leclanché erfand die Nasszellenbatterie
im Jahre 1866 . Es enthielt Säure, die aus verschütten könnte, wenn umgekippt .
Im Jahr 1888 , ein deutscher Wissenschaftler , Dr. Carl Gassner, eingehüllt
die Nasszellein einem verschlossenen Behälter Zink , die Schaffung der ersten
tragbare, batterie die Trockenzelle . Im Jahr 1896 , ein verbessertes Trockenzellen
erfunden wurde , unter Verwendung einer Paste Elektrolyten statt einer Flüssigkeit.
Inzwischen Joseph Swan in England und Thomas Edison
in Amerika die moderne Glühlampe erfunden hatte,
Glühbirne im Jahr 1879 . Batterien und Miniatur- Glühbirnen hat die
erste elektrische Taschenlampen, Fackeln auch als möglich bekannt.
Im Jahr 1898 startete die Nationale Carbon Company die D-Typ
Trockenbatterie , die genug Leistung für Handheld zur Verfügung gestellt
tragbare Leuchten . Einer der frühen Produkte angetrieben durch es
ein Stift mit einem Miniatur- Glühbirne. Drähte verbunden die Glühbirne
einer Batterie , die in einer Tasche oder hinter einem Schal versteckt war .
Wenn der Träger drückte einen Schalter , blitzte die Birne . Benutzer
entdeckte bald, praktische Anwendungen für diese Erfindung , wie
Lesen in dunklen Restaurants oder Theater .
Seit vielen Jahren der führende Name in Taschenlampen war
Eveready , die ursprünglich die American Electrical Novelty und
Manufacturing Company . Ein russischer Einwanderer, Conrad
Hubert , begann es in New York City, im Jahr 1898. Misell David , ein englischer Erfinder , seine Arbeit für
Hubert im Jahr 1897 . In
1899 erhalten Unternehmen Hubert ein Patent für einen elektrischen
Gerät. Dieses Gerät, das von Misell entworfen , sah aus wie
eine moderne Taschenlampe. Es wurde von D- Batterien angetrieben gelegt
vor , in einem Papierschlauch mit der Glühbirne und eine Rück
grobe Messing Reflektor an einem Ende. Das Unternehmen spendete
einige dieser Geräte an die New York City Polizei, die
reagierten positiv zu ihnen. Im Jahr 1903 patentiert Hubert
eine Taschenlampe mit einem Ein / Aus-Schalter in einem modernen zylindrischen
Gehäuse , das die Lampe und Batterien .
Diese frühen Taschenlampen lief auf Zink -Kohle-Batterien , die
konnte nicht liefern einen stetigen Strom und benötigt
periodische ruht weiter funktionieren . Sie verwendeten auch
Energie - ineffizient Kohlenstoff- Glühlampen , was bedeutete,
dass die Reste hatten häufig zu sein . Daher könnten sie
nur kurze Blitze verwendet, was in der Bezeichnung Taschenlampe.
Entwicklung der Wolfram - Glühlampe herum
1906 mit dem Dreifachen der Wirksamkeit von Kohlenstoff-Filamenten
und verbesserte Batterien , Taschenlampen gemacht nützlicher
und beliebt. 1922 , Handheld , Laterne , und Suchscheinwerfer
Versionen zur Verfügung standen . Leistungsstark und zuverlässig weiß
LEDs wurden zuerst 1999 von den Lumileds eingeführt
Corporation aus San Jose , Kalifornien. Diese sind jetzt
Ersatz Glühbirnen in Taschenlampen.

PIGGY BANKS

Im Mittelalter war teuer und Metall
schwer, in ganz Europa zu finden. Folglich Familien
verwendete Ton verschiedene Haushaltstöpfeerstellen , Gläser , Schüsseln,
und Waschbecken . In Middle English , bezeichnet pygg ein
Art der orange Lehm üblicherweise zur Herstellung verwendet , wie
Gegenstände. Oft gesparte Geld in der Küche Töpfe und
Gläser pygg , genannt pygg Gläser . Vokale in der frühen
Englisch hatte verschiedene Geräusche als sie es heute tun, so
während der Zeit der Sachsen, das Wort würde pygg
wurden ausgesprochen Mops. Aber als die Aussprache der
'y' von einem 'u' zu einem 'i, ' pygg geändert schließlich kam
wie Schwein ausgesprochen werden . Vielleicht zufällig , die Alte
Englisch Wort für Schweine, das vieh, war picga , mit
der mittleren englischen Wort entwickelt sich zu Pigge , möglicherweise
aufgrund der Tatsache, dass die Tiere in der Umgebung gerollt
pygg Schlamm und Schmutz.
In den nächsten 200 bis 300 Jahren die
Ton (pygg) und die Tier (Pigge) kam zu ausgesprochen werden
die gleichen und die Europäer langsam vergessen , dass einmal pygg
verwies auf die Tontöpfen , Gläser und Tassen . durch die
18. Jahrhundert , die Schreibweise der pygg hatte sich verändert , und die
Begriff pygg jar hatte Schwein Bank entwickelt. Also, im 19.
Jahrhundert , als englische Töpfer erhielt Anfragen für pygg Banken, begann sie produzieren Banken wie förmigen
Schweine. Diese clevere visuelle Wortspiel appellierte an Kunden und
Kinder freuen . Sobald die Bedeutung übertragen hatte
von der Substanz , die der Form begann Sparschweine zu
von anderen Substanzen, einschließlich Glas, Keramik,
Porzellan , Gips und Kunststoff.
Eine alternative Theorie ist, dass in Deutschland und Umgebung
Ländern ist das Schwein ein Symbol für Glück. Es wurde geglaubt,
dass die Beibehaltung Geld in einem Schwein -förmigen Bank bringen würde
Glück. An Silvester, sind so genannte Glücksschweinen noch
ausgetauscht als Geschenke in Deutschland.
Westeuropäer waren nicht die einzigen, die Spar
Banken. In Japan ist die Maneki Neko , Geld oder Katze, ist oft
in der Wohnung platziert zu helfen, bringen Glück und Wohlstand
um den Haushalt. Maneki Neko werden oft als eine Art verwendet
Sparschwein , hält Kleingeld und Geld für die
Familie. Noch interessanter ist die erste wahre Sparschweine ,
Terrakotta- Banken in Form von Schweinen mit Öffnungen oben
zur Abscheidung von Münzen, wurden in Java so weit zurück wie das gemacht
14. Jahrhundert. Die indonesische Begriff celengan , was bedeutet, "wie
ein Wildschwein " , wurde verwendet, um diese heimischen Banken zu beschreiben.

RUBBER BANDS

Ein Gummiband , auch als Bindemittel bekannt , ein elastisches oder
Gummiband , ein Lakai Band , Band laggy , lacka Band oder
gumband , ist eine kurze Länge des Kautschuks in der Form eines
Schleife, die häufig verwendet wird , um mehrere Objekte zu halten
zusammen . Sie werden auch verwendet , um kleine Modell Macht
Flugzeuge.

Im Jahr 1839 erfand ein Amerikaner namens Charles Goodyear
der Prozess der Vulkanisierung , die noch verwendet wird , um
moderne Gummi. Am 17. März 1845 einem britischen Erfinder
und Geschäftsmann namens Stephen Perry patentiert die
erste Gummibänder aus Weichgummi . Perry
Aktiengesellschaft, Messers Perry und Co, Rubber Manufacturers
von London, hat eine Vielzahl von Gummi -Produkte.

Perry erfand das Gummiband , um Papiere zu halten oder
Umschläge zusammen . Interessant ist, dass ein anderer Erfinder , ein Dr.
Jaroslav Kurasch , separat erfunden und patentiert die
Gummiband im selben Jahr , am gleichen Tag .

Gummibänder wurden von William H. erste in Serie gefertigte
Spencer am 7. März 1923 in Alliance , Ohio. sie
in seinem Keller aus Säume aus gebrauchten schnitten
Kautschukprodukte , wie Schläuche aus abgelehnt
Goodyear Company. Spencer, ein Bremser für die Pennsylvania Railroad, begann mit dem Verkauf seiner Gummibänder
zu Büro - Versorgung-Läden und Papier und Bindfaden Steckdosen. seine
großer Durchbruch kam, als er bemerkte, Kopien von The Akron
Beacon Journal weht über Rasenflächen. Er überredete die
Zeitung , seine Produkt mit seinem Gummibänder binden
und es wurde die erste Zeitung der Welt, um so zu tun
nach Hause liefern . Er überzeugte auch Lebensmittelgeschäft zu bedienen sein
Gummibänder statt der Zeichenfolge , um die Lebensmittel zu sichern.

Spencer arbeitete weiter für die Eisenbahn für 14 Jahre
beim Aufbau einer Gummiband- Geschäft an seine Allianz
Anlage. Heute ist sein Bündnis Rubber Company der größte
Hersteller von Gummiringen in der Welt. Es macht 17,3
Gummibänder Milliarden im Jahr, zusätzlich zu anderen Büro,
Mailing -und Verpackungsprodukte . Die Produkte werden verkauft
mehr als 30 Ländern. Spencer starb 1986 , im Alter von 94 .

Wussten Sie schon?

Die Menschen in Großbritannien würde etwa Postboten klagen Littering
durch Wegwerfen die Gummibänder verwendet werden, um Mail zu halten
zusammen . Im Jahr 2004 führte die Royal Mail rote Bänder für
ihre Arbeiter . Sie waren leicht zu erkennen und nur die Royal
E-Mail verwendet sie . Dies machte die Mitarbeiter fühlen sich gezwungen
abholen Bands, die sie hatte fallen lassen , die weitgehend
das Problem gelöst. Derzeit einige 342 Millionen rot
Bands werden jedes Jahr eingesetzt.

Standuhren

Standuhren , Standuhren richtig genannt , sind
hohen, freistehenden , Gewicht -driven Pendeluhren mit
das Pendel in der Tasche gehalten . Die Begriffe Großvater ,
Großmutter und Enkelin haben alle zu angewendet
Standuhren . Der allgemeine Konsens scheint zu sein , dass ein
Uhr kürzer als 5 m ist eine Enkelin , zwischen 5 und
6 ft. ist eine Großmutter und über 6 m ist ein Großvater. am meisten
Standuhren schlagen die Zeit auf jede Stunde oder einen Bruchteil
einer Stunde. Es war die britische Uhrmacher William Clement
, der die ersten Standuhren um 1680 hergestellt .
Wie geht die Geschichte , eine besondere Standuhr platziert wurde
in der Lobby des George Hotel in Piercebridge , Nord-
Yorkshire, England, wo es heute noch steht . es
die außergewöhnlich präzise. Die Besitzer des Hotels waren
ein Paar von Junggesellen, die Jenkins Brüder. Wenn eines der
Brüder starben , der zuvor genaue Uhr neugierig
begann , Zeit zu verlieren . Anfangs hat 15 Minuten pro Tag, aber
wenn mehrere clocksmiths gab es auf, reparieren
kränkelnden Uhr , wurde sie verlieren mehr als eine Stunde, jede
Tag. Nach dem Tod des anderen Bruders , stoppte die Uhr
insgesamt läuft. Der neue Manager des Hotels nie
versucht es reparieren zu lassen . Er hat nur ließ es in eine stehende
sonnenbeschienenen Ecke der Lobby , seine Hände ruhen in der Position sie davon ausgegangen , sobald
die letzten Jenkins Bruder starb .
Um 1875 , ein US-amerikanischer Songwriter namens Henry
Lehm- Arbeit passiert im George Hotel übernachten
während einer Reise nach England. Er war die Geschichte von der alten erzählt
Uhr und nach für sich selbst sehen es , entschieden, um ein zusammen
Lied darüber . Arbeit kam zurück nach Amerika und veröffentlicht
der Text zu diesem Lied , Mein Großvaters Uhr , im Jahre 1876. Die
Song war ein großer Erfolg , über eine Million Exemplare des Blattes verkauft
Musik und popularisierte den Begriff Standuhr. hier
ist die erste Strophe und Refrain des Liedes :
Mein Großvater Uhr war zu groß für das Regal,
So stand es 90 Jahre auf dem Boden ;
Es war um die Hälfte größer als der alte Mann selbst ,
Obwohl es nicht ein Pennyweight wog mehr .
Es wurde auf den Morgen des Tages , dass er geboren wurde, gekauft haben,
Und war immer seinen Schatz und Stolz ;
Aber es stopp'd Kurz nie wieder gehen , wenn der alte Mann starb.
CHORUS
Neunzig Jahre ohne schlummernden (tick , tick, tick, tick)
Sein Leben Sekunden Nummerierung (tick , tick, tick, tick)
Es stopp'd Kurz nie wieder gehen , wenn der alte Mann starb.

CDS

Im Jahr 1974 , dem Elektronikkonzern Philips mit Sitz in
Eindhoven , Niederlande, begann eine Entwicklung
optischen Audio- CD mit bessere Klangqualität als die
dann dominant Vinyl-Schallplatte . Sie beschlossen, in Kürze zu bedienen
ein digitales Format . Im Jahr 1977 begann eine Philips Labor
Kommerzialisierung ihrer Technologie. Sie wählten den Begriff
Compact Disc, und seine Größe , 11,5 cm, zum anderen anzupassen
Philips - Produkt die Kompaktkassette .
Inzwischen , Sony, in Japan, hatte öffentlich
demonstriert einen optischen digitalen Audio- CD im September
1976 . 1978 eine CD mit Daten entwickelten sie
ähnlich der modernen CD . Im Jahr 1979 haben die beiden Unternehmen
beschlossen, ihre Bemühungen zu kombinieren und die Gründung eines Gemeinschaftsaufgabe
zwingen, Entwicklung der Technologie abzuschließen. nachdem ein
Jahr produzierte die Task Force die Red Book -CD-Standard ,
die heute noch folgt. Philips trug die
Allgemeine Herstellungsverfahren basiert auf der älteren
Laserdisc und der Audio -Modulationsverfahren , während
Sony steuert die Fehlerkorrektur -Algorithmus.
Die CD wurde nicht allgemein begrüßt. Der Haupt
Amerikanischen Plattenfirmen -CBS , Warner, und RCA -wanted
zu halten, zu verkaufen Vinyl-Schallplatten. Doch selbst dann nicht jeder wollte Vinyl. Der berühmte
Dirigent Herbert
von Karajan war ein großer Verfechter der CD. Er erklärte,
seine Unterstützung für das neue System und verglichen Musik auf
traditionellen Aufzeichnungen , veraltete Gasbeleuchtung .
Die erste Test-CD von Polydor wurde in der Nähe von Hannover gedrückt wird,
Deutschland, und enthielt Richard Strauss Eine Alpensinfonie
(Eine Alpensinfonie) , wie von den Berliner Philharmonikern gespielt
und von Karajan . Im August 1982 PolyGram
veröffentlicht das erste kommerzielle CD- ABBA - Album 1981
Die Besucher . Am 2. März 1983 wurden CD -Player können an
die Vereinigten Staaten und anderen Märkten.
Die CD erforderte die Entwicklung eines neuen Pakets
das würde seine empfindliche Oberfläche vor Beschädigungen zu schützen . es
hatte auch eine Broschüre zu halten und in der Lage sein automatische
Montage. Teams bei PolyGram in Deutschland und der
Niederlande entwickelte eine geeignete dreiteilige Paket gemacht
Kunststoff (Polystyrol). Der Prototyp war so makellos
dass es den Spitznamen der Jewel Case . Es bleibt die
Weltstandard für CD-Verpackung .
Heute CDs werden verwendet, um Daten und Musik zu speichern . neuere
Video-Formate wie DVD-und Blu-ray auch die
elbe physikalische Geometrie wie die CD. Aber mit der jüngsten
Popularität von MP3-Dateien , wird der Verkauf von CDs ab.

STYROFOAM / thermocol

Polystyrol ist eine harte und klare Kunststoff , die versehentlich war
im Jahre 1839 von Eduard Simon , einem Apotheker in entdeckt
Berlin. Er hatte sich eine ölige Substanz aus storax destilliert ,
das Harz der türkischen Amberbaum, dass er den Namen
Styrol . Einige Tage später , Simon gestellt, dass die Styrol hatte
in ein Gelee verdickt. Im Jahr 1866 , Chemiker Marcelin Berthelot
entdeckt, dass diese Veränderung war aufgrund der Polymerisation von
Styrol , einem petrochemischen Flüssigkeit in storax gefunden und die
Substanz wurde als Polystyrol bekannt.
Im Jahr 1941 war Kautschuk knapp , weil der Welt
Krieg und Forscher in der Dow Chemical Gesellschaft
Physics Lab versuchten, die Entwicklung einer flexiblen , gummiartigen
elektrischer Isolator . Ein-Tages- Teamleiter Otis McIntire
versucht die Kombination Styrol mit Isobutylen, ein flüchtiger
Flüssigkeit unter Druck. Zu seiner Überraschung die Isobutylen
gebildet winzigen Bläschen im Styrol, die Schaffung einer neuen
Substanz, die 30 mal leichter und flexibler als sei
Fest Polystyrol. Es war auch nicht teuer und Feuchtigkeit
beständig. Diese extrudiertem Polystyrol schnell angenommen wurde
von der US- Küstenwache für die Verwendung in einem Sechs-Mann- Rettungsinsel . bald
viele andere Kriegszeit -Anwendungen verfolgt. Dow patentiert
das Material wie Styropor in 1944 und führte es zu
die zivilen Markt im Jahr 1954. Heute ist vor allem für Isolierung von Gebäuden und Kunsthandwerk.
Wenn Polystyrol ist mit einem gasförmigen Treibmittels ausgesetzt ist,
es eine weitere nützliche Substanz als erweiterte bekannt bildet
Polystyrol (EPS) . EPS besteht aus kleinen Styropor
Perlen Millionen eingeschlossene Luftblasen enthält . Diese können
in einem stabilen, leichten und thermisch isolierenden Form werden
Feststoff, der auch als thermocol , eine durch die eingeführte Namen
Deutsch Chemiekonzern BASF im Jahr 1951.
Im Jahr 1954 , die Koppers Company Inc., Pittsburgh,
Pennsylvania, entwickelt EPS-Schaum . Im Jahr 1957 , die gewachst
Paper Company , Chicago, Illinois, das erste Patent
für Polystyrol Tassen. Sie behaupteten, dass ihre Methode
könnte Tassen , die bequem gehalten werden könnte " sogar
wenn kochendes Wasser in die Schale jedoch gegossen. '
Erst im Jahr 1970 , dass die Koppers Company eingeführt
moderne Schaumbecher . Ihre Schalen hatte dünne Wände, weniger als
der doppelte Durchmesser der Kugeln , und eine ausgezeichnete Wärme
Isolationseigenschaften . Sie wurden bald beliebter für Warm
Getränke. EPS -Entnahmebehälter , Picknickkühler , Industrie
Verpackungen und andere Anwendungen folgt. jedoch
seit Styropor ist ein geschützter Substanz, die hauptsächlich verwendet
für die Gebäudedämmung streng genommen gibt es keine
etwas wie einen Styroporbecher ! Eine EPS- Cup eine wäre
genauen Namen.

FLIP- FLOPS / HAWAII Chappals

Flip -Flops sind auch als Zori (Japan) , Tangas bekannt
(Australien), jandals (Neuseeland) , hawai chappals (Indien
und Pakistan) , und viele andere Namen in der gesamten
Welt. Der Name Flip-Flop stammt aus dem Klang
diese Sandalen machen beim Gehen.
Thong Sandalen sind seit Tausenden von Jahren getragen.
Bilder von ihnen in den alten ägyptischen Wandmalereien auftreten, von
4000 v. Chr. . Die ältesten erhaltenen Beispiele gemacht wurden
von Papyrusblätterrund 1500 v. Chr. und sind jetzt in der
British Museum. Frühe Flip-Flops wurden von vielen gemacht
Materialien wie Papyrus und Palmblättern (Ägypten) , Rohleder
(Kenia) , Holz (Indien) , Reisstroh (China und Japan) , Sisal
Blätter (Südamerika) und die Yucca-Pflanze (Mexiko).
Flip -Flops aus verschiedenen Kulturen hatten auch verschiedene
Positionen für die Zehenriemen . Die alten Griechen setzte es
zwischen der ersten und zweiten Zehen, bevorzugt die Römer
die zweite und dritte , während die Mesopotamier gewählt
die dritte und vierte . Die Japaner haben getragen
Zori Sandalen mindestens seit der Heian-Zeit (794-1185
N. Chr.). Die modernen Flip-Flops in den Vereinigten eingeführt
Staaten, als Soldaten nach brachte Zori mit ihnen
Zweiten Weltkrieg von Japan als Souvenirs. sie wurden in den 1950er Jahren sehr beliebt . Flip -Flops
waren so
einfach zu machen , dass sie die ersten Produkte zu sein wurde
von vielen japanischen Unternehmen während ihrer post gestartet
War die wirtschaftliche Erholung. Mitsubishi kaufte viele
diese Unternehmen und wurde ein großer Exporteur von Anfang Flipflops .
Die meisten frühen Flip-Flops hatte Gummisohlen und waren
so schlecht gemacht , dass sie verursacht Blasen und war nicht von Dauer
sehr lang. Schließlich japanischen Unternehmen bewegt Flip-Flops
Produktion in Taiwan, Korea und dann nach China, um
Kosten zu reduzieren.
Heute , Flip- Flops, wie Jeans , aus ihren billigen entwickelt ,
Arbeiterklasse Ursprünge in den Alltag und manchmal
sogar in High Fashion. Einige Kosten so wenig wie $ 1, während
andere mit Swarovski -Kristallen besetzt kostet $ 150 oder mehr .
Im Jahr 2011 , während eines Urlaubs in Hawaii , Barack Obama
wurde der erste amerikanische Präsident , fotografiert zu werden
tragen Flip -Flops. Der Dalai Lama mag auch Flip-Flops
und trägt sie häufig zu formellen Anlässen.
Wussten Sie schon?
Das einfache Design von Flip-Flops ist verantwortlich für viele Fuß
und Unterschenkelverletzungen . Im Jahr 2010 , in Großbritannien,
bis zu 200.000 Menschen gingen zum Krankenhaus mit Flip-Flops
Verletzungen. Diese Verletzungen kosten die British National
Health Service £ 40.000.000 .

SPERRHOLZ

" Sperrholz ", erklärte Popular Science 1948 " ist ein
layercake von Holz und Leim. " Es besteht aus dünnen Schichten ,
weniger als 3 mm dick, von preiswerten Holz, das geklebt werden
zusammen mit benachbarten Schichten mit ihr Getreide im rechten
Winkel zueinander . Solche Quer Körnung ist sehr wichtig,
zur Erhöhung der Festigkeit und Haltbarkeit von Sperrholz .
Die Ägypter erfanden eine Form von Sperrholz um 3500
BC . Während einer Holzknappheit, begannen sie, Einfügen von dünnen Schichten
von teuren Holz auf der Oberseite der Platten billiger . Um 1000 n. Chr.,
die Chinesen Rasieren Holz und Zusammenkleben es
machen Möbel. Die Englisch, Französisch und Russen auch
verstanden, den allgemeinen Grundsatz der Sperrholz der 17.
und 18. Jahrhundert. Früher wurde in der Regel aus Sperrholz gefertigt
edlem Holz und Möbel für den Haushalt verwendet .
Das erste Patent für moderne Sperrholz wurde 1865 ausgestellt
John K. Mayo von New York City. Mayo verstanden die
Prinzip der Quer Körnung, aber er hat nie kommerzialisiert
seine Erfindung .
Im Jahr 1905 , die Portland Manufacturing Company , einem kleinen
Holz -Box- Fabrik in Portland , Oregon, begann
Herstellung Sperrholz aus einer Vielzahl von Nadelhölzern wie die lokale Douglasie . Sie verwendeten
Pinsel als Leim
Treuer und Haus Buchsen Pressen und schuf mehrere
Platten für die Anzeige bei der Portland- Weltmesse in diesem Jahr.
Es zog sie ein großes Interesse und eine Industrie war
geboren. Bis etwa 1919 wurde auch als Sperrholz- Skala bekannt
Pension, geklebt Holz und bebauten Holz.
Das Fehlen einer wasserdichten Kleber noch Sperrholz
für langfristigen Einsatz im Freien geeignet. Erst
1934 , dass Dr. James Nevin , Chemiker an Harbor Sperrholz
Corporation in Aberdeen , Washington, entwickelt ein
komplett wasserdicht Kleber. In den späten 1930er Jahren , nach
umfangreiche Marketing- , Sperrholz wurde als eine starke
und langlebigen Material für den Hausbau . Weltkrieg
II sah es an vielen anderen Anwendungen - Kisten , Hütten errichtet ,
Kasernen, Torpedoboote , Segelflugzeuge und Rettungsboote wobei einige
von ihnen. Die Industrie hat seitdem ständig gewachsen .
Im Jahr 1982 , Pionier Kitply Industries Limited die Verwendung von
wasserfestes Sperrholz in Indien. Heute ist das Material oft
einfach als kitply . Aber vorher, bereits 1906 , Indien
hatte bereits begonnen Import Sperrholz. zwei Sperrholz
Fabriken wurden in Assam in 1923-1924 vor allem für Start
Tee- Truhen. Die Industrie wuchs schnell während
Zweiten Weltkrieg und Sperrholzfabrikenmit indischen Holz
wurden im ganzen Land eingestellt .

ELECTRIC FANS

Ein Ingenieur aus New Orleans namens Schuyler Wheeler
erfand die erste elektrische Lüfter zwischen 1882 und 1886 .
Es hatte zwei Klingen mit einem Elektromotor verbunden ist, aber keine
Schutzkorb . Die Crocker & Curtis Elektromotor
Unternehmen dieses Produkt kommerziell vermarktet.
Deutsch-amerikanische Erfinder Philip H. Diehl eingeführt
die elektrische Deckenventilator. Diehl war ein deutscher Einwanderer
die für die Singer Sewing Machine Company arbeitete . in
1882 er ein Lüfterflügel auf einem Nähmaschinenmotor montiert
und befestigte es an der Decke , so dass die Erfindung der Decke
Lüfter , die er im Jahre 1887 patentiert. Später, als Leiter der Diehl
und Co., fügte er eine Leuchte an der Deckenventilator. Im Jahr 1904
er hat ein Split- Kugelgelenk , das die Richtung der erlaubten
Luftstrom verändert werden ; drei Jahre später wurde daraus die
ersten oszillierenden Ventilator.
Frühe elektrische Ventilatoren waren ziemlich teuer und wurden
nur in großen Büros oder wohlhabenden Häusern verwendet. die erste
erschwinglich Fans aus aller den späten 1890er Jahren gemacht
Anfang der 1920er Jahre. Die meisten von ihnen hatten Messing Klingen und Käfige .
Allerdings wurden die Käfige nicht wirklich schützen soll,
der Benutzer , aber die teure Gebläseschaufeln . In der Tat, sie oft
hatte Öffnungen groß genug für Kinder, ihre Hände zu legen innen, zu viele Verletzungen führt.
Weltkrieg führte zu einem Mangel an Messing , das war
Munition für notwendig, so Fan -Hersteller schaltet
Stahlkäfige . General Electric eingeführt Fans mit
lappenden Aluminiumblätter, die viel mehr lief
leise, in den späten 1920er Jahren. Emerson führte die schöne
aber funktionale Silver Swan Fan im Jahr 1932. Seine Art-Deco- Design
gebrauchten Aluminiumlamellen , wurde aber von der Form eine Basis
Yacht- Propeller. Dieser Schwan -Fan war ein großer Erfolg und
wahrscheinlich geholfen Emerson überleben die Weltwirtschaftskrise.
Die zunehmende Beliebtheit von Klimaanlagen während der
den 1950er Jahren sank die Nachfrage nach Ventilatoren und
Hersteller reagierten mit Kostensenkungen auf Kosten
der Qualität.
Im Jahr 1998 erfand amerikanischen Walter K. Boyd den volumenstarken
Low-Speed (HVLS) Deckenventilator. Boyd war
Entwicklung eines Systems zur Milchvieh zu kühlen , die produzieren
weniger Milch , wenn sie überhitzt werden . Er schuf eine große
elektrische Lüfter , die mit 10 Lamellen aus Aluminium verwendet und hatte eine
Durchmesser von 8 Fuß . Es bewegt sich langsam, aber war sehr energie
und nicht kick up Staub. Heute HVLS Fans sind
häufig in Industriehallen , Fabriken und verwendet
Einkaufszentren , um Heizung zu reduzieren und Kühlkosten .

CONFETTI

Konfetti wird oft bei Paraden , Feiern geworfen und
Hochzeiten. Es wird üblicherweise aus vielen kleinen Stücken zusammengesetzt
Papier , Mylar oder einem metallischen Material . Es ist
in einer Vielzahl von Farben und Formen wie Sterne und
Schneeflocken.
Das englische Wort Konfetti ist an die Italienische bezogenen
Süßwaren mit dem gleichen Namen , die eine kleine süße war
traditionell während Karneval geworfen . Sie haben vielleicht
in der Stadt Sulmona , in der Provinz L'Aquila erfunden,
Mittel-Italien, im 15. Jahrhundert, wo sie weiterhin
hergestellt und auch heute noch verkauft werden. auch bekannt
als Dragee , Jordanien Mandeln oder gebrannte Mandeln , Italienisch
Konfetti besteht aus Mandeln oder andere Nüsse mit einer überdachten
Schicht aus hartem Zucker. Der Name stammt von der italienischen
Wort -Confit, wie in Konfitüre , was bedeutet, Obst oder Marmelade zu erhalten .
Das italienische Wort für Papier- Konfetti ist coriandoli , was bedeutet,
Koriander, dass die ursprünglich implizieren kann die Süßigkeiten
Koriandersamen enthalten statt Mandeln.
Traditionell wird Italienisch Konfetti in verschiedenen Farben und
an die Gäste auf festlichen Tage gegeben , oft in eingewickelt
kleine Taschen aus leichtem Netzgewebe (Tüll) gefertigt. Es gibt
traditionelle Bedeutungen zugeschrieben die Farben - blau oder rosa für Taufen, rot für Geburtstage und
Staffelungen , grün für
Engagements , weiß für Hochzeiten, und eine Vielzahl von Farben
für Jubiläen . Bei einer Hochzeit , die sie darstellen sollen
die Hoffnung, dass das neue Paar eine fruchtbare Ehe.
Die Briten angenommen Konfetti für Hochzeiten, verdrängen die
traditionellen Reis , Blätter oder Blüten , am Ende des 19.
Jahrhundert , mit symbolischen Fetzen von buntem Papier eher
als echte Süßigkeiten. Ein 1885 Ausgabe von Scientific American
Magazin aufgezeichnet Fetzen von buntem Papier geworfen
über die Menschen in Paris am Silvesterabend 1881 . Bis zum frühen
1900er -, Papier- Konfetti -Maschine wurde hergestellt und verkauft
auf der ganzen Welt . Cascarones , Konfetti gefüllte Eierschalen
soll über dem Kopf eines Freundes aufgebrochen werden , waren
in Mexiko im 19. Jahrhundert entwickelt , wo sie
haben sich während der Ferien Feiern wie beliebt
Ostern, Cinco de Mayo, und Karneval .
Natürliche Blütenblatt Konfetti, aus gefriergetrockneten Blume gemacht
Blütenblätter , hat vor kurzem bei Hochzeiten beliebt geworden.
Wussten Sie schon?
Confetti hat eine Liste in das Guinness- Buch der Welt
Rekorde . Casey Larrain von Kalifornien hat die größte
Sammlung von Konfetti mit rund 1.700 einzigartigen Formen ;
einschließlich Konfetti wie Hot Dogs , Elvis Presley förmig,
Feen , Piraten, Haartrockner , Nagellack und Lippenstift.

SAMMEL

Das Wort Karton wird seit so lange zurück, war
wie 1683 , als es hieß : "Die Scheiden in den genannten
Drucker " Grammatiken des letzten Jahrhunderts waren aus Pappe
oder Pappe . Die ersten kommerziellen Kartons
wurden in England im Jahre 1817 produziert. Diese wurden gemacht
von schweren Papier, gefaltet und geschnitten wurde, in der
Form eines Kastens .
Well-oder gefaltetem Papier ist stärker als normal
Papier. Es wurde in England im Jahre 1856 von Healey und patentiert
Allen und populär wurde ursprünglich als Liner für hohe Pelz
Hüte. Es war nicht bis 1871 , dass einseitige Wellpappe
Bretter wurden patentiert und für den Versand verwendet . Das Patent
wurde Albert L. Jones von New York City, die es gewohnt ausgestellt
es zum Einwickeln von Flaschen und Glas Laterne Schornsteine.
G. Smyth baute die erste Maschine zur Massenproduktion
Wellpappe im Jahr 1874. Im gleichen Jahr , Oliver Lang
Jones auf das Design durch die Erfindung moderner verbessert
doppelseitige Wellpappe. Im Jahr 1884 schwedische Chemiker
Carl F. Dahl gefunden , dass das Papier Zellstoff aus Nadelholzbäume ,
wie Kiefer, verwendet werden, um harten Kraftpapier erstellen.
Heute Wellpappe durch Crimpen hergestellt
Lagen Kraftpapier in einem wiederholenden S-Form genannt Wellenstoff oder Riffelung . Weitere
Schichten Kraftpapier,
Liner genannt , werden dann auf beiden Seiten der Rillen geklebt.
Schottland geborene Robert Gair , einen Drucker und Papierbeutelmaschine
in Brooklyn, New York, erfand die vorgeschnittenen Karton-oder
Pappschachtel im Jahre 1890. Gair Bergs Erfindung war ein Unfall.
Eines Tages wurde er eine Bestellung von Samentütendrucken , wenn ein
Metall-Lineal in der Regel verwendet, um die Taschen verschoben knittern
Position und schneiden Sie sie stattdessen . Bald Gair entdeckt, dass
er konnte preiswerte Fertig Pappe machen
Boxen durch Schneiden und Rillen in einem Arbeitsgang .
Gair galt auch seine Idee, Wellpappe , wenn
es verfügbar wurde während des frühen 20. Jahrhunderts. bald
Karton Versandkartons ersetzten Holz
Kisten und Kartons . Dies verringert das Gesamtgewicht der
Versand und letztlich die Versandkosten . Die Kellogg
Unternehmen Pionierarbeit beim Einsatz von Kartons als
Getreide Kartons und die Kieckhefer Container Company von
Chicago entwickelte Papier Milchkartons .
Berühmte kanadisch-amerikanische Architekt Frank Gehry
eingeführt Easy Edges Kartonmöbel zum Design
Welt zwischen 1969 und 1973 . Mehrere Unternehmen jetzt
machen und zu verkaufen Pappe Tische, Stühle und Tische , die können
unterstützt Tausende von Pfund .

STAUBSAUGER

Viele Menschen entwickelten die Staubsauger. Es gab
mehrere handbetriebene Teppichkehrer während der patentierte
19. Jahrhundert. Im Jahr 1899 , John Thurman von St. Louis , Missouri,
entwarf einen Teppich Erneuerer angetrieben durch Druckluft.
Allerdings war Thurman Maschine nicht ein Staubsauger ;
es blies Staub in einem Behälter statt saugen sie in.
Englisch -Ingenieur Hubert Booth hat die stärkste Anspruch
zur Erfindung des motorisierten Staubsauger. Im Jahr 1901 , er
besucht " eine Demonstration von einem amerikanischen Maschine durch seine
Erfinder " (möglicherweise Thurman) im Empire Music Hall
in London. Booth sah das Gerät blasen den Staub von Stühlen
und dachte, es wäre viel besser, wenn es den Staub gesaugt
statt . Er schuf ein großes Gerät , genannt der Puffing
Billy , der ursprünglich von einem Ölmotor angetrieben wurde, und
später durch einen Elektromotor . Die Vakuumpumpe und Motor
wurden in einem Pferdewagen untergebracht , von dem aus eine lange
Schlauch schlängelte sich ins Haus. Booth begann die britische
Staubsauger Company (BVcc) und verfeinerte seine
Erfindung in den nächsten Jahrzehnten . Staubsaugen
war so eine Neuheit, die Damen der Gesellschaft in England eingeladen
ihre Freunde für Vakuum -Partys!
Im Jahr 1907 , James Spangler, ein Hausmeister aus Canton, Ohio, erfand die erste praktische , tragbare
elektrische Vakuum
Reiniger. Spangler versuchte, den alten Teppich zu verbessern
Kehrmaschine er verwendet, bei der Arbeit. Er bastelte mit einem alten Elektro
Lüftermotor , befestigte es an einer Seifenkiste auf einem Besen geheftet
Griff, und benutzte einen Kopfkissenbezug als Staubfänger . er
dann ein Unternehmen , seine Erfindung zu verkaufen begonnen, aber bald verkauft
es um Geschäftsmann William Hoover . Hoover neu gestaltet
Spangler Maschine und startete das Modell O im Jahr 1908.
Innovative Marketing, inklusive 10 -Tage- Haus -Studien
und Tür - zu-Tür- Verkäufer, machte bald den Hoover
Unternehmen sehr erfolgreich. In Großbritannien , dem Namen Hoover
wurde zum Synonym für den Staubsauger . auch
heute , einer der Teppiche Hoovers ein . Andere Hersteller, wie
Eureka und Electrolux, begann im Wettbewerb mit Hoover .
Zwischen 1978 und 1993 britische Industriedesigner James
Dyson gebaut 5000 Prototypen , bevor er seine beutellosen perfektioniert
Staubsauger, die auf dem Prinzip betrieben
der Zyklonabscheidung . Kein Hersteller oder Händler
würde Dyson Dual Cyclone behandeln , da es stören würde
die wertvollen Markt für Ersatzstaubbeutel. er
schließlich beschlossen, das Produkt selbst verkaufen durch
Kataloge und es wurde das am schnellsten verkaufte Vakuum
Reiniger je gemacht habe. Bis Mai 2001 hatte Dyson 52 Prozent der
der Markt von Wert . Kürzlich , Roboter- Staubsauger,
wie iRobot Roomba , auch populär geworden.

SCHLÖSSER

Historiker sind sich nicht sicher , wo und wann die erste Schleuse war
erfunden . Ein Buntbart verwendet eine Reihe von Stationen (Hindernisse)
, der die Sperre verhindert dreht. Der richtige Schlüssel
Kerben passend zu den Stationen, so dass sie sich frei drehen .
Dieser Mechanismus wurde wahrscheinlich von den Römern erfunden
und ist noch heute verwendet. Es ist jedoch nicht sicher , da
die Stationen mit einem Dietrich , in dem umgangen werden
am Nuten entfernt wurden.
Die meisten anderen Schlösser enthalten Becher , die bewegt werden müssen
durch den Schlüssel , um sie zu öffnen. Ein Beispiel ist der Stiftzylinder
Verriegelung , die eine Reihe von Stiften mit unterschiedlichen Längen enthält , die
behindern den Riegel vor. Die rechte Taste hebt die Stifte , so dass der
Schraube zu drehen. Die Ägypter wussten, dieses Grundprinzip durch
2000 v. Chr. . Amerikanische Schlosser Linus Yale Sr. erfand der
moderne Zylinderstift Zylinderschloss im Jahr 1848. Sein Sohn , Yale,
Jr., wurde ein kleiner, Flachschlüssel im Jahr 1861 mit Wellen
Kanten, die in tausenden von Variationen gemacht werden könnten ,
verbessert so die Sicherheit. Er hat auch die moderne entwickelt
Kombinationsschloss im Jahr 1862 .
Englisch Schlosser Joseph Bramah patentierte das Bramah
Sicherheits-Zylinderschlossim Jahr 1784 . Seine ausgefeilte
Mechanismus sechs Metallplatten als Becher . Im Jahr 1790 Bramah zeigte eine Herausforderung Schloss
in seinem Schaufenster,
montiert auf einem Brett, das zu lesen :
Der Künstler, der ein Instrument, das holen , oder öffnen Sie machen können
diese Sperre darf 200 Guineen der Moment, es produziert wird empfangen.
Diese Sperre wurde als geknackt 67 Jahre bis
Amerikanische Schlosser Alfred Hobbs öffnete es und war
vergab den Preis . Hobbs ' Versuch benötigt 51 Stunden ,
verteilt über 16 Tagen.
Hebelzylinderschlösserverwenden eine Reihe von Hebeln , die oft fünf oder sieben
davon , wie Zuhaltungen . Sie wurden in Europa erfunden
das 17. Jahrhundert. Robert Barron von England patentiert ein
doppelt wirkende Version 1778 , die die Hebel erforderlich
zu einer bestimmten Höhe, um das Schloss zu öffnen angehoben werden, wodurch
Verbesserung der Sicherheit . Es wird noch heute verwendet , insbesondere
für Tresore und Gefängnissen. Jeremiah Chubb von Portsmouth,
England, erfand einen Detektor Schloss im Jahr 1818. Dieser Hebel
Zylinderschloss hatte eine wichtige Sicherheitsfunktion : es klemmt
wenn jemand versucht , mit ihm zu manipulieren.
Die Scheibenzylinderschlosswurde von Emil Henriksson erfunden
im Jahr 1907. hat es rotierende Scheiben , die als Trinkgläser wirken geschlitzt.
Der Mechanismus ist haltbar und kann nicht gestoßen werden , dh ,
eröffnet mit einer speziellen Schlagtechnik , anders als Stiftzuhaltungsschlössern .
Kürzlich elektronische Schlösser sind auch populär geworden.

FERNBEDIENUNG

Berühmte serbisch- amerikanische Erfinder Nikola Tesla
entwickelte eines der frühesten Beispiele der modernen
Fernbedienung. Im Jahr 1898 zeigte er eine Radiocontrolled
Boot während einer Ausstellung im Madison Square
Garden , New York. Bald danach, Spanisch Ingenieur
Leonardo Torres Quevedo - entwickelte eine drahtlose Fernbedienung
Steuersystem nannte er das Telekino . Im Jahr 1906 , Torres
erfolgreich gesteuert eine motorbetriebene Boot in Bilbao
Hafen von der Küste, über eine Meile entfernt , in der Gegenwart
der König von Spanien und viele andere.

Der erste TV-Fernbedienung wurde 1950 von den entwickelten
Zenith Electronics Corp of Chicago. Zenith -Präsident
wollte , um ein Gerät zu " tune out ärgerlich entwickeln
Werbespots . Ihre erste Fern , genannt Lazy Bones , war
an den Fernseher durch einen Draht verbunden, sondern dass häufige verursacht
Auslösung. Zenith dann entwickelte eine drahtlose Fernbedienung,
das Flashmatic . Es funktionierte durch einen leuchtenden Lichtstrahl auf eine
TV mit vier Fotozellen ausgestattet. Aber die meisten Menschen
vergessen , welche Zelle und was haben sie oft ausgelöst wurden
von anderen Lichtquellen.

Im Jahr 1956 , österreichisch- amerikanischer Erfinder Dr. Robert Adler
entwickelte die Zenith Space Command , um diese zu lösen Probleme . Er verwendete Ultraschall -
Signale an das Fernsehgerät übertragen.

Seine ursprüngliche Modell war vier mechanisch- Aluminiumstangen
erzeugt die Ultraschall -Töne. Das Verfahren erzeugt ein
hörbar , wenn eine Taste gedrückt wurde , aus dem
kommt der moderne Begriff Clicker.

Die ersten Space Command Einheiten waren teuer, weil
ihre Empfänger verwendet sechs Röhren , die Erhöhung der Preise
TV- um dreißig Prozent . In den frühen 1960er Jahren begann Fernbedienungen
mit Transistoren und wurde billiger und kleiner. Zenit
begann die Schaffung kleine batteriebetriebene Fernbedienung
daß piezoelektrische Kristalle verwendet , anstelle von Aluminium
Stäbe, Erzeugung von Ultraschall . Ultraschall- Fernbedienungen
basierend auf Adler -Design blieb für die nächsten 25 beliebt
Jahre . Aber sie waren bei weitem nicht perfekt. Alle natürlich
auftretende Störungen den Empfänger versehentlich auslösen und
Haustiere könnten die Ultraschallsignale zu hören. Im Jahr 1980 , ein kanadischer
Firma namens Viewstar startete eine Fernbedienung
dass gebrauchte statt Ultraschall Infrarot. Diese waren ein
sofortiger Erfolg und Infrarot -Fernbedienungen von Viewstar ,
Zenith und andere Unternehmen begann bald dominieren die
Markt.

In den frühen 2000er Jahren, hatten die meisten Häuser eine große Anzahl von
elektronischen Einrichtungen , wobei jede mit einer entfernten . Jetzt gibt es sogar
ein ferngesteuerter WC, die Kohler C3 !

Säuglingsnahrung
Es ist eine unbestrittene Tatsache, dass die Muttermilch ist die beste Nahrung
für Babys. In früheren Zeiten haben Frauen, die nicht in der Lage waren
stillen ihre Babys verwendet werden, um auf andere zu verlassen, wie nasse
Krankenschwestern , sie zu füttern Muttermilch. Doch während der
19. Jahrhundert begann man, Babys füttern Milch aus
Kühe , Ziegen, Pferde und sogar Esel. Kuhmilch war
die häufigsten.
Allerdings waren solche Flasche gefütterte Babys weniger gesund als
gestillten Einsen und vor Austrocknung gelitten und verärgert
Mägen . 1838 deutsche Wissenschaftler Johann Franz Simon
festgestellt, dass Kuhmilch -Protein war viel höher, aber
weniger Kohlenhydrate als Muttermilch . Ärzte dann
vorgeschlagen , dass Mütter, Wasser hinzufügen , Zucker und Sahne
machen es wie Muttermilch.
Die erste tatsächliche Säuglingsnahrung wurde 1860 entwickelt
Deutsch Wissenschaftler Justus von Liebig . Leibig der Lösliche Infant
Essen war ein pulverförmiges Gemisch aus Weizenmehl, dehydratisiert
Kuhmilch, Malzmehl, und Kaliumhydrogencarbonat , dass
hatte mit Milch warme Kuhmilch gemischt werden. Die Nestlé-
Unternehmen der Schweiz kam bald mit ihren eigenen
Formel, die ähnlich Leibig war , aber billiger . Im Jahr 1919 wurde eine neue Säuglingsnahrung
genannten SMA (Synthetic
Milch Adaptation) wurde von der SMA Nutrition entwickelt
Michigan. Es ersetzt Milchfett mit tierischen und pflanzlichen
Fette und sogar enthalten Lebertran. Einige Jahre später
Nestlé eingeführt Lactogen von Pflanzen aufgebaut
Öl, als Konkurrent zu SMA .
In der Mitte der 1920er Jahre wurde in Formel -Riese Similac gestartet
Boston, Massachusetts. Ihre Formel enthielt eine Mischung
Kuhmilch , Pflanzenöl , Calcium und Phosphor
Salz. Es erhielt seinen Namen, weil es angeblich so ähnlich
Laktation . Noch gibt es nicht viele Menschen, die verwendet
Säuglingsnahrung wegen seiner hohen Kosten. Im Jahr 1883 , John B.
Myenberg erfand ein Verfahren zur Entfernung von Zucker aus
Kondensmilch . Andere hinzugefügt dann Kuhmilch, Mais
Sirup und Wasser zu schaffen eine kostengünstige, zuckerfreie
Säuglingsnahrung , die leicht zu verdauen war . Säuglinge, die auf zugeführt
es wuchs ebenso wie gestillten Säuglingen und in den 1930er Jahren ,
Säuglingsnahrung wurde immer sehr beliebt.
In den späten 1950er Jahren begann Similac Zugabe von Eisen , denn
gestillte Babys neigten Eisenmangel verglichen werden
Babys gestillt . Seit den 1970er Jahren viele andere
Verbesserungen wurden an Säuglingsnahrung gemacht worden, um zu geben
es so viele Vorteile der Muttermilch wie möglich ..

Q- TIPPS

Wattestäbchen , Wattestäbchen oder Ohrhörer bestehen aus einem kleinen
Watte um einem oder beiden Enden eines kurzen gewickelt
Stange , in der Regel entweder aus Holz hergestellt , gerolltes Papier oder Kunststoff.
Polen geborenen amerikanischen Gerstenzang Leo , der in New gelebt
York, erfand das Wattestäbchen in den 1920er Jahren. auf
Beobachten seiner Frau Anwendung Wattebäusche auf Zahnstocher
in einem Versuch, schwer zugängliche Bereiche zu erreichen , Gerstenzang ,
wer war der ursprüngliche Gründer der Firma Q-Tips ,
hatte die Idee, zur Herstellung eines einstückigen bereit zu bedien
Wattestäbchen. Im Jahr 1923 , die Leo Gerstenzang gründete er
Infant Novelty Co., eine Firma, die Babypflege vermarktet
Zubehör. Sein Produkt , dem er den Namen Baby- und Homosexuell
später Q- Tipps Baby Homosexuell , ging auf die am häufigsten zu
verkauft Markennamen -Q- Tips, wo der Q stand für Qualität.
Die Herkunft der Namen Baby- Homosexuell ist nicht klar.
Im Jahr 1958 erwarb die Firma Q-Tips Papier Sticks
Ltd von England, ein Hersteller von Papier -Sticks für die
Süßwarenhandel . Die Maschinen wurde anschließend
in die Vereinigten Staaten gebracht und verwendet werden, um Q-Tip fertigen
Papier Applikator Wattestäbchen . Das machte Q- Tipps
in beiden Holz-und Papier-Stick Sorten. Holzstäbchen
wurden schließlich in den 1980er Jahren eingestellt. Antimikrobielle
Q- Spitzen wurden im Jahr 1998 ins Leben gerufen. Jüngste Bemühungen haben konzentriert auf dass
das Produkt umweltfreundlicher,
wie das Ändern der für den Stick zu PET verwendeten Kunst
(Polyethylenterephthalat), das auch verwendet wird für
machen Softdrink-Flaschen . Im November 2011 diese neuen
Q- Spitzen wurden bestätigt biologisch abbaubar.
Der Begriff Q-Tips wird oft als ein generischer Name für Baumwolle verwendet
Tupfer . Heute , fast 26 Milliarden Q-Tips Wattestäbchen
werden jedes Jahr produziert . Aber sie werden nicht mehr verwendet
ausschließlich für Babys. Menschen nutzen sie, um Leim
auf Handwerksprojekte , reinigen, elektronische Geräte , entfernen
Make-up, saubere Computer -Tastaturen und anderen schwer toreach
Orte , entfernen Sie Schmutz und Staub von ihren Hunden und
Außen Ohren Katzen , Staub Sammlerstücke, gelten Salben , Farbe
Modelle und vieles mehr.
Wussten Sie schon?
Die Verwendung von Wattestäbchen zur Reinigung des Gehörgangs zugeordnet
ohne medizinischen Nutzen und stellt bestimmte Risiken . Es kann
Otitis externa verursachen , die auch als Schwimmerohr bekannt , eine
Entzündung der Ohrmuschel und Ohrkanal , die sich ergibt
in Ohrenschmerzen. Es ist auch eine der häufigsten Ursachen von
perforiertes Trommelfell , die manchmal erfordert Chirurgie
zu korrigieren.

Zahnseide

Zahnseide wird entweder von einem Bündel von dünnen Nylon
Filamente oder Kunststoff wie Teflon oder Polyethylen oder einem Seiden
Farbband , und wird verwendet, um Nahrungsmittel und Zahnbelag zu entfernen
von Zähnen. Es kann aromatisiert werden oder naturbelassen , gewachst
oder unwaxed . Zahnärzte einig, dass Zahnseide zusätzlich zu
Zähneputzen verringert Zahnfleischentzündung , die eine Zahnfleischerkrankungen
oft durch Aufbau von Plaque verursacht , im Vergleich zu Zahn
Zähneputzen allein .
Levi Spear Parmly , ein Zahnarzt aus New Orleans, ist
die Erfindung des ersten Form der Zahnseide gutgeschrieben .
Er empfahl , dass die Menschen ihre Zähne zu reinigen
mit einem dünnen Seidenfaden , in einem Buch , ein praktischer Leitfaden für die
Die Verwaltung der Zähne , im Jahre 1819 veröffentlicht. Jedoch
Zahnseide nicht verfügbar war bis zum Verbraucher die
Codman und Shurtleft Company, in Randolph basiert,
Massachusetts , begann die Herstellung und Vermarktung humanusable
unwaxed Seide Zahnseide im Jahr 1882 . Dieses wurde in gefolgt
1896 von der ersten Zahnseide von Johnson & Johnson
Corporation, die ein Unternehmen , die auch weiterhin gestartet
heute . Die New Jersey ansässige Unternehmen erhielt den ersten
Patent für Zahnseide im Jahr 1898. Deren Produkt hergestellt wurde
aus der von den Ärzten für das Nähen verwendet gleichen Material Seide
Wunden. Andere frühe Marken enthalten Red Cross, Salter Sill Co., und Braunschweig .
Zahnseide ist in der literarischen Fiktion , da erwähnt die
Anfang des 20. Jahrhunderts . Zum Beispiel wird ein Zeichen dargestellt
mit Zahnseide in James Joyce berühmten Roman Ulysses .
Aber Zahnseide war nicht weit vor dem Zweiten Weltkrieg eingesetzt. um
diese Zeit entwickelte Amerikaner Dr. Charles C. Bass Nylon
Zahnseide , wahrscheinlich, weil die Japaner die abgeschnitten
Stellen uns der Seide. Er fand, dass Nylonseidebesser war
als Seide wegen ihrer größeren Abriebwiderstand und
Elastizität. Danach , Zahnseide wurde bald sehr beliebt in
den USA. Die Verwendung von Nylon auch für die Entwicklung erlaubt
Wachswattein den 1940er und Zahnseide in den 1950er Jahren.
Bass auch artikuliert und förderte die Bass -Technik von
Zähneputzen . Aus diesem Grund wird er manchmal
als Vater der Präventivzahnmedizin .
Seitdem ist die Vielfalt in der ZahnseideProdukte hat
erweitert, um neuere Materialien wie Gore -Tex sind ,
und verschiedenen Texturen schwammig wie Zahnseide und weiche Zahnseide.
In Reaktion auf Umweltbelange , Garn hergestellt aus
biologisch abbaubaren Materialien ist ebenfalls verfügbar. Weitere neue
Produkte sind Zahnseide mit versteiften Enden , das ist
Zahnseide entwickelt, um leichter für diejenigen mit Klammern oder
andere zahnärztliche Geräte.

EYEGLASSES

Die frühesten Zeugnisse der optische Vergrößerung geht zurück
das alte Ägypten . Einige ägyptische Hieroglyphen aus der
5. Jahrhundert v. Chr. zeigen einfachen Glaslinsen . während die
1. Jahrhundert n. Chr. , Seneca der Jüngere , ein Tutor des Kaisers
Nero von Rom , schrieb: " Briefe, aber kleine und
undeutlich, gesehen durch ein deutlich vergrößert und mehr
Globus oder Glas mit Wasser gefüllt .
Die Verwendung von konvexen Linsen, um vergrößerte Bilder bilden
in arabischen Wissenschaftler Alhazens Buch der Optik geschrieben diskutiert
in 1021 . Seine Übersetzung ins Lateinische im 12. Jahrhundert war
Instrumental der Erfindung der Brille in Italien um
1286 . Frühe Gläser waren Handheld und von zwei gebildet
konvexen Stücke von Glas oder Kristall . Jeweils von umgeben
einen Rahmen mit einem Handgriff durch eine Niete verbunden. die früheste
bildliche Beweise Tommaso da Modena 1352 Porträt
von Kardinal Hugh de Provence.
Bis zum Ende des 14. Jahrhunderts Tausende von Brillen
wurden von Land zu Land ganz exportiert
Europa . Die Herzöge von Mailand bestellt renommierten
Florentine Brillen von den Hunderten weg wie zu geben,
Geschenke an Höflinge , und Optiker produziert sowohl konvex und
konkave Linsen verschiedener Stärken in großen Mengen. Aber es war nur im Jahr 1604 , dass
Wissenschaftler Johannes Kepler veröffentlicht
die erste richtige Erklärung dafür, wie konvexe und konkave
Linsen korrigiert weit und Kurzsichtigkeit (Presbyopie
und Kurzsichtigkeit , beziehungsweise). Der amerikanische Universalgelehrte ,
Benjamin Franklin, der von beiden Kurzsichtigkeit litt und
Presbyopie , erfand Gleitsichtbrille in den 1780er Jahren . verärgert über
das ständige Wechseln Brillen, geschnitten Franklin seine
Lesebrille in der Hälfte und verschmolzen sie mit seinen Abstand
Brille. Im Mai 1785 schrieb er: " Wie trage ich meine eigene Brille
ständig , ich habe nur meine Augen nach oben oder unten bewegen, wie ich
wollen deutlich nah oder fern zu sehen , die richtigen Gläser sein
immer bereit. " Die ersten Linsen zur Korrektur von Astigmatismus
wurden durch die britische Astronom George Airy gebaut
im Jahr 1825 .
Frühe Okulare wurden entweder Hand-oder Zwicker , was
sind an der Nase durch Druck fixiert . Moderne Rahmen hatte
1727 entwickelt , möglicherweise von der britischen Optiker worden
Edward Scarlett , aber nicht erfolgreich waren bis in die frühen
19. Jahrhundert.
Im frühen 20. Jahrhundert entwickelte Zeiss Punktal
sphärischen Punkt -Fokus- Objektive, die Brillen dominiert
Linsen für viele Jahre. Heute dauerhafte Brillenfassungen
von Form - Metalllegierungen sind überall verfügbar. diese
Rahmen wieder in ihre richtige Form nach dem Biegen .

Hörgeräte

Der erste Nachweis eines Hörgerätes ist in einem Buch mit dem Titel
Magiae Naturalis (Naturmagie) , im Jahre 1588 veröffentlicht.
In diesem Band italienischen Autors Giovanni Battista Porta
diskutiert Holz in den Formen der geschnitzten Hörgeräte
Ohren gehören zu den Tieren mit gutem Gehör, wie
Katzen. In den 1600er und 1700er Jahren , Hörgeräte Trompeten
waren beliebt . Sie waren weit an einem Ende mit Ton sammeln ,
enge an dem anderen Ende mit verstärkten Schall in den Direkt
Ohr und Tierhorn , Muschel , Glas und später
Kupfer und Messing. Ludwig van Beethoven war ein bemerkenswerter
Benutzer von Hörgeräten Trompeten.
In den 1700er Jahren wurde die Knochenleitung entdeckt. dies
Prozess sendet Schallwellen direkt durch die
Schädel an das Gehirn. Kleine fächerförmigen Geräte in Verkehr gebracht wurden
hinter die Ohren , um Schallwellen zu sammeln und sie
durch die kleinen Knochen hinter dem Ohr. Der erste Fullscale
Hersteller von Hörgeräten Friedrich Rein war der
London im Jahr 1800 . Er produzierte Ohr Trompeten -, Hör- Fans ,
und Konversation Röhren.
Während des 19. Jahrhunderts , versteckte oder unsichtbare Hörgeräte
populär wurde . Sie wurden dekorative Accessoires ,
in Sofas, Halsbänder , Frisuren und Kleidung integriert . Einige versuchten, sie in Vollbärte verstecken.
Mitglieder des
Lizenz hatte sogar Hörgeräte rechts in ihren Thronen gebaut ,
mit speziellen Rohre in die Armlehnen integriert, um zu sammeln
die Stimmen der knienden Themen. Diese wurden in kanalisiert
eine spezielle Echokammer und vor dem Austritt verstärkt
von Öffnungen neben dem Kopf des Monarchen .
Die ersten elektronischen Hörgeräte wurden nach gebaut
Alexander Graham Bell das Telefon erfunden im Jahre 1876.
Bell- Sound elektronisch verstärkt in sein Telefon mit
ein Kohlenstoff- Mikrofon und Akku . Dieses Konzept wurde
von Hörgeräte- Herstellern angenommen. Einer der ersten
dokumentiert tragbaren Hörgeräte war von JC Chester
von Montana. Diese Hörgeräte waren schwerfällig
Kisten mit sichtbaren Drähte und die schwere Batterie
dauerte nur ein paar Stunden . Im Jahr 1899 , Miller Reese Hutchinson
der Akouphone Unternehmen patentiert die erste praktische
elektrische Hörgerät mit einem Kohlenstoff-Sender und
Batterie. Es war so groß, dass es mußte auf einem Tisch sitzen .
Die weitere Entwicklung von Hörgeräten hat konzentriert
Miniaturisierung , zuerst unter Verwendung von Vakuumröhren ,
dann Transistoren , integrierte Schaltungen und schließlich . Zenit
startete die erste all -Transistor Hörgerät im Jahr 1952. Heute
programmierbare alle digitalen Hörgeräte sind klein genug,
bequem hinter dem Ohr passen.

Nagellack & Entferner

Die Färbung der Nägel geht den ganzen Weg zurück zu alten China und Japan. Die alten Ägypter auch gefärbten Nägel mit Henna, während die Inkas schmückten ihre Fingernägel mit Bilder von Adler. Europäische Porträts aus dem 17. und 18. Jahrhundert zeigen glänzend, poliert Nägel. durch die Anfang des 19. Jahrhunderts wurden Nägel ist getönt mit duftenden Ölen rot und dann poliert oder mit buffed ein Ledertuch , anstatt einfach nur poliert. europäisch und amerikanischen Kochbüchern des 19. Jahrhunderts hatten sogar Richtungen für die Herstellung von Nagellacken . Dann in der 19. und Anfang des 20. Jahrhunderts ging die Nägel wieder in poliert anstatt gemalt. Menschen massiert getönte Pulver und Cremes in ihre Nägel und dann poliert sie glänzend.

Die Northam Warren Company of Stamford, Connecticut, Cutex gestartet im Jahr 1911. Dieses Produkt war eine Nagelhaut -Extrakt, daher der Name cut -ex . Cutex erzeugt der erste Nagel Farbtöne im Jahr 1914. Im Jahr 1917 , dem ersten farbigen Flüssigkeit führten sie Nagellack durch die Anpassung Autolack- Finish. Bis 1925 Flüssigkeit Nagellack dominiert den Markt . Im Jahr 1928 Cutex führte eine Aceton -Basis -Entferner, die sicher für die war Heimgebrauch und erhöhte den Verkauf von Nagellack unter junge Frauen. Charles Revson , sein Bruder Martin Revson , und ein Chemiker Charles Lachman Namen gestartet Charles Revson die Firma in New York. Arbeit für sie war ein Französisch -Make- up-Künstler namens Michelle Menard . Menard wurde von den Zahnschmelz verwendet inspiriert Malerei Autos und fragte sich, ob die gleichen Techniken könnte verwendet werden, um lang anhaltende Nagellack zu schaffen. Die Gründer das Unternehmen dachte , dass dieses Produkt Potential und eine Fabrik , um sie herzustellen. Das Unternehmen umbenannt selbst Revlon, wo "L" stand für Lachman und begann Verkauf der ersten modernen Nagellack im Jahr 1932 durch Schönheit und Friseursalons . Später führten sie Lippenstifte zu entsprechen der Nagellack und 1937 begannen, ihre Produkte zu verkaufen durch Abteilung und Drogerien . Sowohl Cutex und Revlon bleiben großen Marken heute .

Die häufigste Art von Nagellack -Entferner noch heute verwendet Aceton, die kraftvoll und effektiv, aber hart ist auf Haut und Nägel. Es kann auch verwendet werden zur Entfernung künstlicher Nägel, die in der Regel aus Acryl hergestellt sind . Die gemeinsame Alternative wird einfach als nicht- Aceton Nagellack Entferner und enthält in der Regel Ethylacetat . Dies ist eine weniger aggressive Lösungsmittel und kann daher für den Nagel entfernen Lack von künstlichen Nägeln . Die gesundheitlichen Bedenken verbunden mit diesen Entferner haben der jüngsten Einführung von LED- völlig natürliche und biologisch abbaubare Produkte .

SPRITZEN

Das Wort Spritze wird von dem griechischen Wort abgeleitet συριγξ
(Syrinx), was bedeutet Rohr . Die älteste bekannte Verwendung von Spritzen
war in Indien, wo große Spritzen sind noch spritzen verwendet
gefärbtem Wasser während des Hindu-Fest Holi . die
erste Kolben Spritzen für medizinische Zwecke, wie Nasenspritzen ,
wurden in der Römerzeit entwickelt. Im 9. Jahrhundert n. Chr.,
der irakischen / ägyptische Chirurg Ammar ibn ' Ali al- Mawsili '
erstellt eine Spritze mit einem Hohl (Injektions) Nadel, eine
Hohlglasrohr, Saug- und den Grauen Star aus entfernen
Patienten Augen. Im Jahre 1844 , irischen Arzt Francis Rynd
neu erfunden, die hohle Nadel und benutzte es , um die
erste aufgezeichnete subkutane Injektionen .
Die erste Spritze Patente von John Frederick und Weiss waren
in 1824 und 1851 jeweils übernommen. Alexander Holz,
ein schottischer Arzt , erfand die medizinische Injektions
Spritze im Jahr 1853. Es kombiniert einen Metallspritze mit einer
HohlspitzNadel fein genug , um die Haut zu durchbohren
ohne Schneiden einer Öffnung . Dr. Wood Arbeit zeigte
dass die Injektionsspritzen waren nützlich in der Medizin.
Etwa zur gleichen Zeit , Charles Pravaz , ein Chirurg aus
Lyon , Frankreich, unabhängig ein ähnliches Gerät entwickelt
das wurde populär wie die Pravaz Spritze . Es hatte eine Kolben durch eine Schraube angetrieben , damit
er genaue Dosierungen verabreichen konnte .
Ein weiterer Französisch Chirurg , LJ Béhier , machte die Pravaz
Erfindung in ganz Europa bekannt.
Die BD oder Becton , Dickinson and Company, ein medizinisches
Instrument Nehmen, wurde im Jahr 1897 gebildet . Im Oktober , dass
Jahr ihren ersten Luer Ganzglas- Injektions verkauften sie
Spritze. In den späten 1800er Jahren waren solche Spritzen weit
verfügbar, aber es waren nicht viele injizierbaren Drogen auf die
Markt. Dann , im Jahre 1921 , Insulin entdeckt wurde. Es musste
direkt in die Blutbahn injiziert werden, und dies erzeugt
ein neuer Markt für Injektionsnadeln . B.D. begann mit dem Verkauf
eine Insulin- Spritze für Diabetiker im Jahr 1924.
Im Jahr 1946 , Chance Brothers of Birmingham , England,
produziert die erste Ganzglasspritzemit auswechselbarer
Zylinder und Kolben , die die Masse - Sterilisation vereinfacht
Spritzen . Im Jahr 1954 B.D. erstellt die erste Massenproduktion
Einwegspritze und Nadel. Es wurde entwickelt für die Massen
Verwaltung des neuen Salk Polio-Impfstoff zu amerikanischen
Kinder. Im Jahr 1955 führte die Roehr Produkte Monoject ,
die erste Einweginjektionsspritzeaus Kunststoff,
gefolgt von B.D. mit der Plastikpak , im Jahr 1961. Kunststoff
Spritzen bald Gläsern auf dem Markt ersetzt. jetzt
Unternehmen entwickeln Mikro- Spritzen für schmerzlos
Liefern genau gesteuerte Mengen von Medikamenten.

SONNENBRILLEN

Alte Inuit , besser bekannt als Eskimos bekannt , trug
Gläser abgeflachten Walross-Elfenbein gemacht, um Solar blockieren
Blendung. Diese Gläser hatten schmale Schlitze durch zu schauen .
Sonnenbrillen aus flachen Scheiben aus Rauchquarz gemacht , die
auch schützte die Augen vor Blendung, wird in verwendet
China im 12. Jahrhundert . Dokumente beschreiben auch
die Verwendung solcher Kristall Sonnenbrille von Richter im alten
Chinesische Gerichte ihre Mimik während verbergen
Befragung von Zeugen .
Englisch Optiker James Ayscough begann das Experimentieren
mit getönten Gläsern der Brille gegen 1752 . Ayscough
angenommen, dass blau oder grün - getöntem Glas korrigieren könnte
spezifische Sehbehinderungen . Getönte Brille weiter
medizinisch während des 19. Jahrhunderts verschrieben werden.
In den frühen 1900er Jahren , die Verwendung von Sonnenbrillen wurde mehr
weit verbreitet, vor allem bei den Filmstars. Es wird allgemein
angenommen, dass dies auf die Anerkennung von den Fans zu vermeiden, aber
könnte es auch gewesen , sich von der Schutz
mächtige Bogenlampen auf zeitgenössische Filmsets verwendet .
Sam Foster eingeführt preiswerte Massenware
Sonnenbrillen nach Amerika im Jahre 1929. Foster fand einen bereit
Markt an den Stränden von Atlantic City, New Jersey, wo Er begann mit dem Verkauf Sonnenbrille unter
dem Namen Foster Grant.
Sonnenbrillen waren bald eine Wut .
In den 1930er Jahren , die United States Army Air Corps
beauftragte die optische Firma Bausch & Lomb zu
produzieren Brille, die Piloten aus der schützen würde
Gefahren der Höhen Blendung. Sie schufen eine sunglassspecific
Firma namens Ray-Ban , die Abkürzung für das Verbot
Sonnenstrahlen , die ersten Piloten-Stil Sonnenbrille erstellen.
Polarisierte Sonnenbrillen wurde erst im Jahr 1936 zur Verfügung , wenn
US-amerikanischer Erfinder Edwin H. Land begann das Experimentieren
mit polarisierten Gläsern . Ray-Ban entworfen, Anti-Glare- Flieger
Art-Sonnenbrille 1936 mit Landes -Technologie. sie
verwendet eine leicht herabhängenden Rahmen auf maximal ein Schild
Flieger Augen, die müssen immer wieder nach unten blicken
Richtung Armaturenbrett des Flugzeugs . Flieger ausgegeben wurden
diese Ray-Ban Aviator Sonnenbrille kostenlos und die
Öffentlichkeit begann sie zu kaufen im Jahr 1937.
Es wird angenommen, dass Sonnenbrillen wirklich wurde während 'cool'
Weltkrieg. Der Wanderer -Stil, das meistverkaufte Sonnenbrillen
Design in der Geschichte, wurde 1953 geboren. ein cleverer Werbe
Kampagne von Foster Grant den 1960er-Jahren mit Hollywood
Prominente und der Slogan Wer ist hinter diesen Foster Grants?
geholfen, Sonnenbrille sogar mehr in Mode zu machen.

RASIERSCHAUM

Eine primitive Form von Rasierschaum wurde dokumentiert
Sumer um 3000 v. Chr. . Eine Kombination aus Holz Alkali
und Tierfett wurde Bärte als Rasur aufgetragen
Zubereitung ähnlich wie Fell wurde entfernt aus
Tierhäuten . Die alten Ägypter waren unter der
ersten Kulturen Rasieren ernst zu nehmen ; sie verwendet Tier
Fette und Öle als Gleitmittel für Rasierer aus Bronze.
Griechischen und römischen Barbiere oft verwendet, Ölen oder Seifen , wenn
schwingende Eisen Rasierer . Es gab wenig Weiterentwicklung
in der Rasur oder Rasierseifen bis 1700 .
In den 1800er Jahren entstanden hohe Schaumseifenals Fach
Produkt nur zum Rasieren verwendet werden. Solche Rasierseifen
wurden entwickelt, um eine härtere , länger anhaltenden Schaum zu erzeugen
als normale Seifen. Die erste erschien um 1840
wenn Vroom und Fowler von New York begann , zu verkaufen eine
konzentriert , die Seife aufgeschäumt. Sie nannten es Walnut
ÖlmilitärRasierseife . In den frühen 1900er Jahren , American
Botaniker und Erfinder George Washington Carver
eine Creme, die leicht zu lagern und sich schön eingeseift war ,
so dass der Rasierer sanft über die Haut gleiten .
Traditionelle Rasierseifen sind noch heute von
wie Trägern wie The Art of Shaving , Crabtree und Evelyn ,
und Geo. F. Trumper . Im Jahr 1919 , Frank Shields, ein ehemaliger MIT-Professor entwickelte
Barbasol der erste Rasierschaum . Das innovative Produkt
um mit einem Pinsel zu arbeiten, eine Alternative angeboten Männer
Seife in Schaum. Die Formel Barbasol war ursprünglich ein
Dickmilch, die entworfen, um eine komfortable bieten wurde
Rasur für Männer mit harten Bärte und empfindliche Haut wie
sich . Der Name stammt aus der Kombination des lateinischen
Wort barba , was bedeutet, Bart, und die Lösung. Heute Barbasol
weiterhin eine der Top-Marken der Rasur-Produkte zu sein,
besonders in den Vereinigten Staaten.
Burma - Shave , ein weiterer früher bürstenlosen , vorgeschäumtRasur
Sahne, wurde in Amerika durch die Burma - Vita vorgestellt
Unternehmen im Jahr 1925. Es wuchs schnell populär für seine Bequemlichkeit
und gereimten Werbetafeln , die berühmte amerikanische ausgekleidet
Autobahnen. Eine der beliebtesten Marken der Rasierschaum
in Indien ist Godrej . Die erste Rasur Godrej Produkt war der
Rasierseife , die im Jahr 1932 eingeführt wurde.
Weltkrieg trug der Erfindung der Druck
Sprühdose. Die erste Dose unter Druck Rasierschaum
Aufstieg war , die von Carter - Wallace eingeführt wurde, ein
Hauptsitz amerikanischen Körperpflegeunternehmenin New
York, im Jahr 1949. Aerosol Rasierschaum eingefangen fast
ein Fünftel des Marktes für eine Rasur Zubereitungen im
kurzer Zeit wurde es seit den 1960er Jahren dominiert .

TOOTHPASTE
Ägypter mit einer Paste , um ihre Zähne zu reinigen um
5000 v. Chr. , lange bevor Zahnbürsten erfunden wurden. dies
Zahncreme wohl schmeckte schrecklich, weil es enthalten
pulverförmige Asche aus Ochsen Hufe , Myrrhe, verbrannt Eierschalen ,
Bimsstein und Wasser. Ein viel später ägyptischen Papyrus , datiert
4. Jahrhundert n. Chr. , bietet eine andere Formel, die aus
pürierte Steinsalz , Minze , Iris und schwarzem Pfeffer.
Die alten Griechen und Römer verwendeten Zahnpasten auf die
sie hinzugefügt Schleifmittel, wie gemahlene Knochen und Austern
Muscheln. Auch die Römer , mit Zusatz von Aroma- Hilfe
Mundgeruch. Die alten Chinesen verwendet eine Vielzahl von
Stoffe, einschließlich Ginseng , Kräuter Münzstätten , Salz und
auch Schießpulver. Im 9. Jahrhundert , der persische Universalgelehrte
Ziryab erfand eine Art von Zahnpasta, die er popularisierte
gesamten islamischen Spanien . Es war angeblich sowohl
funktionell und angenehm zu schmecken, aber seine genaue Zusammensetzung
ist unbekannt.
Zahnpasten und-pulver kamen in den allgemeinen Einsatz in der
19. Jahrhundert in Großbritannien und anderen Ländern. Die meisten waren
noch hausgemacht, mit Kreide, pulverisierte Backstein, oder Salz
Inhaltsstoffe. Im Jahr 1900 , machte von Wasserstoffperoxid eine Paste und
Backpulver wurde für die Verwendung mit Zahnbürsten empfohlen. Vorgemischt Zahnpasten wurden
erstmals im 19. vermarktet
Jahrhundert, aber Zahnpulver blieb beliebt, bis
Weltkrieg Weitere Innovationen des 19. Jahrhunderts enthalten
Zugabe von Glycerin für den Geschmack und Strontium zu stärken
Zähne. Im Jahr 1873 , Colgate & Company, gegründet von William
Colgate in New York im Jahre 1806 , begann die Massenproduktion
die erste Zahnpasta in einem Glas. Im Jahr 1892 , Dr. W. Washington
Sheffield von New London , Connecticut, hergestellt
die erste Zahnpasta in Tuben und verkaufte es als Dr.
Sheffield Creme Dentifrice . Er hatte die Idee , nachdem sein Sohn
Maler in Paris sah, drückte Farbe aus Tuben .
Die ursprünglichen zusammenklappbar Zahnpasta-Tuben wurden aus
führen, die in die Paste ausgelaugt und manchmal verursacht
Bleivergiftung. Diese Tatsache , verbunden mit einer Leitung Mangel
im Zweiten Weltkrieg , führte zu ihrer Ersetzung durch
Verbund (Aluminium, Papier und Kunststoff) Rohre durch die
1940er-und Kunststoffrohren heute komplett .
Fluoridzahnpastenwurde zuerst in den 1890er Jahren für mehr
Verhinderung Hohlräume . Aber es war nur im Jahr 1955 , dass Procter
& Gamble ins Leben gerufen Crest, das erste klinisch erprobte
fluoridhaltigen Zahnpasta. Gestreifte Zahnpasta, mit
zwei verschiedenen Farben , wurde von einem New Yorker erfunden
namens Leonard Marraffino in 1955 und zuerst von vermarktet
Unilever als Streifen in den frühen 1960er Jahren.

Nagelknipser & FILES

Nagelknipser , Nagelscherenauch genannt oder Nagelschneider , sind
Regel aus Edelstahl gefertigt , kann aber auch hergestellt werden
Kunststoff oder Aluminium . Es gibt zwei Arten die -
Zange und die Verbindung Hebel . Die meisten Nagelschneiderkommen
ein anderes Werkzeug angebracht ist, die verwendet wird, um Schmutz zu entfernen
von Nägeln. Sie haben oft ein Miniatur -Datei enthalten
manicuring die Ecken und Kanten von Schnitt Nägel.
Der Erfinder der Nagelschneiderist nicht wirklich bekannt und
ähnliche Geräte sind seit der Antike verwendet. die
erste US-Patent für eine Verbesserung bei einem Fingerschneider,
was bedeutet, dass eine solche Vorrichtung bereits existierte , scheint
wurden im Jahr 1875 zu Valentine Fogerty von Boston gewährt ,
Massachusetts. Fogerty der Vorrichtung erforderlich , um den Benutzer zu platzieren
der Finger in einem konkaven Hohlraum mit einer Klinge an einem Ende und
sah ganz anders aus modernen Clippers. Weitere Patente
Verbesserungen im Fingernagel Trimmer gemacht wurden
während der nächsten Jahre von American Erfinder wie
William Rand, John Hollman , Eugene Heim und Celestin
Matz , George Coates, und Kapelle Carter. Rund 1928
Carter, der Präsident der H. C. wurde Koch Firmen
Ansonia , Connecticut, behauptet, dass ihre Edelstein- Fingernagel
Schneider hatte seinen ersten Auftritt bereits im Jahre 1896. Andere frühe
Amerikanischen Hersteller sind die L.T. Schnee Unternehmen und der König Klip Company of New York.
Im Jahr 1947 , William E. Bassett, die die WIR begonnen hatte Bassett
Unternehmen in Derby , Connecticut, im Jahr 1939 entwickelte sich die
Trim Nagelschneider . Es war der erste, mit Hilfe moderner werden
Herstellungsverfahren von den Verfahren angepaßt
von seinem Unternehmen verwendet werden, um Komponenten für die Artillerie zu machen
US-Armee im Zweiten Weltkrieg . Es verwendet die überlegene jawstyle
Design, das seit dem 19. Jahrhundert gewesen war, um
fügte aber hinzu, zwei Nasen der Nähe der Basis der Datei, um zu verhindern,
seitliche Bewegung des Hebelarms , wenn er geschlossen wurde ,
ersetzt das merken Niet mit einem Zahn Niete , und fügte hinzu,
eine patentierte Daumen - Schlenker im Hebel . Dieses Design noch
dominiert den Markt.
In den späten 1940er Jahren eingeführt Bassett den High-End-
Croydon Nagelzangen, die mit einem Clippership gestempelt wurde
Emblem und in Esquire -Magazin für die gefördert
Juwelier Handel. Leider war das Croydon
kommerziell nicht erfolgreich. Aber W.E. Bassett weiter
, ein führender Hersteller von persönlichen Beauty-Tools sein .
Die Trim -Produktlinie ist mittlerweile auf mehr schließen
als 150 Produkte. Andere Hersteller sind moderne
Evenflo (China) , 777 (Three Seven , Korea) und DOVO
Solingen (Deutschland).

TOILETTENPAPIER

Die erste dokumentierte Verwendung von WC-Papier in der menschlichen Geschichte stammt aus dem 6. Jahrhundert n. Chr. in China. In 589 n. Chr., die Gelehrten - Beamten Yan Zhitui schrieb : "Papier , auf dem es sind Zitate oder Kommentare aus den Fünf Klassiker oder die Namen der Weisen , wage ich nicht zur Toilette Zwecke " .

Die Chinesen wurden die Herstellung von Toilettenpapier auf ein industriellen Maßstab durch das Mittelalter. Während des frühen 14. Jahrhundert , in der Provinz Zhejiang wurde allein die Herstellung von zehn Millionen Pakete pro Jahr. 1393 , während der Ming-Dynastie, 15.000 Bogen von speziell parfümiert, Weichgewebe Toilettenpapier wurden für Kaiser Hongwu imperialen gemacht Familie. Der kaiserliche Hof in Nanjing auch über die verwendeten 720.000 Blatt Toilettenpapierpro Jahr. Das 16. Jahrhundert Französisch satirischer Schriftsteller François Rabelais schrieb über WC Papier in seinem Roman - Sequenz Gargantua und Pantagruel . Hier Gargantua entlässt die Verwendung von Papier als unwirksam , Reimen , dass : "Wer seine Rute Foul mit Papierwischtücher , Soll an seinem ballocks verlassen einige Chips . "

Amerikaner Joseph Gayetty wird weithin als der Erfinder der modernen handelsüblichen WC Papier im Jahr 1857 . Seine heil Papier behauptet , um zu verhindern Hämorrhoiden und wurde in Paketen von flachen Platten verkauft mit dem Namen des Erfinders Wasserzeichen versehen. Die Erfindung von Walz-und perforierte Toilettenpapier auf die zuge Albany Loch Wrapping Paper Company im Jahr 1877 und auf die Scott Paper Company im Jahr 1879. 1928 die Hoberg Paper Company aus Green Bay, Wisconsin, eingeführt Charmin, eine weitere beliebte Marke.

Im Jahr 1942, St.-Andreas-Paper Mill in Großbritannien eingeführt weicher zweilagiges Toilettenpapier. Ein Witz von amerikanischen TV-Moderatorin gemacht und Komiker Johnny Carson im Jahr 1973 aufgefordert, die Zuschauer in die Läden laufen und beginnen, Horten, wodurch ein Toilettenpapier künstliche Knappheit.

Heute, 26 Milliarden Rollen Toilettenpapier werden jährlich verkauft Amerika mit einem Durchschnitt von 23,6 Rollen pro Kopf und Jahr, oder 57 Blatt pro Tag. Frauen neigen dazu, deutlich mehr zu verwenden Toilettenpapier als Männer.

Wussten Sie schon?

Neunundvierzig Prozent der Umfrage-Responder wählte WC Papier als nur Notwendigkeit, sie würden gerne für ein nehmen einsame Insel.

Das US-Militär verwendet, Toilettenpapier, um ihre Panzer zu tarnen in Saudi-Arabien während des ersten Golfkrieges .

DROGEN CAPSULES

Heute gibt es zwei Haupttypen von Arzneimittelkapseln,
hartschaligen , für trockene, pulverförmige Substanzen verwendet werden, und
weicher Schale , für ölige Flüssigkeiten eingesetzt. Im Jahre 1834 , ein Französisch
Apotheke Student namens Francois Mothes und seine
Partner Apotheker Joseph Dublanc , erfand eine Methode
der Herstellung ein- Stück Weichgelatinekapseln verschlossen
mit einem Tropfen Gelatine-Lösung . Sie verwendeten Eisenformen
, ihre Kapseln zu machen und füllte sie individuell mit
eine Tropfpipette .
Mothes und Dublanc patentierten Weichkapseln , beide gefüllt
und leer, wurde sofort in Frankreich beliebt.
Aber sie den Verkauf von leeren Kapseln im Jahr 1837 . Die
Ergebnis war eine wachsende Nachfrage für leere Kapseln und
gab es mehrere Versuche , das Patent durch überwinden
Schaffung neuer Designs . Im Jahre 1846 , Pariser Apotheker Jules
Lehuby erfundene zweiteilige Hartkapseln , bestehend aus
überlappende Kappe und Körper Stücke ähnlich denen
heute . Die Schalen wurden ursprünglich von Stärke oder Tapioka
mit Sirup gesüßt. James Murdock von London war
gewährt einen britischen Patent im Jahre 1848 für die erste zweiteilige
Hartkapsel vollständig aus Gelatine hergestellt . Murdock, der
wurde ein Patentmittel können wurden für Lehuby handeln .
Hartkapseln wurden ursprünglich in zwei Teilen hergestellt und dann miteinander verbunden werden
mit der Hand. Aber es war schwierig,
präzise genug , um die Teile richtig passen. Im Jahr 1913
das Colton Company of Detroit , Michigan, erfunden
der Stapler -Maschine in Zusammenarbeit mit dem amerikanischen
Pharmaunternehmen Eli Lilly , um dieses Problem zu lösen.
Die Maschinen, die heute Hartkapseln werden auf Basis machen
auf ihre Erfindung .
Alle modernen Soft-Gel -Kapselung basiert auf einem Prozess basiert
von US-amerikanischer Erfinder Robert Scherer entwickelt ,
Im Jahre 1933. Er benutzte eine Rotationsstanze , die Kapseln zu produzieren
und füllten sie durch Blasformen . Diese Methode reduziert
Verschwendung und hergestellten Kapseln mit hoch reproduzierbare
Dosierungen . Scherer arbeitete im Keller Metall seines Vaters
Shop für drei Jahre, um seine Maschine zu entwickeln. Er
bildete die Gelatin Products Company auf den Markt zu sein
Erfindung. Das neue Unternehmen war sofort erfolgreich
und wurde der RP Scherer Corporation in 1947. Die
aktuelle Besitzer von RP Scherer -Technologie ist Catalent
Pharma Solutions , der weltweit größte Hersteller von
Softgel-Kapseln .
Wussten Sie schon?
Gelatine wird aus Kollagen hergestellt aus geerntet
Tierhaut oder Knochen. Dies ist ein Problem für Vegetarier ,
Veganer , und die Einhaltung bestimmter Religionsgesetze , und

so vegetarische Gel-Kapseln sind nun verfügbar.

Lippenstift

Alten mesopotamischen Frauen waren möglicherweise die erste
erfinden und tragen Lippenstift. Sie verwendeten Edelsteine zerkleinert ,
roten Lehm , Rost, Henna, und Algen , um ihre Lippen zu schmücken.
Die alten Ägypter schuf eine tiefe purpurrote Lippenstift
Algen , Iod, Brom und Mannit , die hoch war
giftig und verursacht schweren Krankheit. Kleopatra VII., der
50-31 v. Chr. verwendet Lippenstift aus zerstoßenen gemacht ausgeschlossen
Cochenille Insekten, die eine tiefrote Pigment bekannt geben
wie karminrot . Lippenstifte mit einem schimmernden Effekt ursprünglich
verwendet eine pearly Substanz in Fischschuppen gefunden.
Während des Mittelalters , der bemerkenswerten arabischen Kosmetikerin
und Chirurg Abu al- Qasim al- Zahrawi (Abulcasis)
Fest Lippenstifte erfunden , die Sticks waren parfümiert
gerollt und in besonderen Formen gepresst . Aber im Mittel
Europa wurde Lippenstift als eine Inkarnation des Satans
und wurde von der Kirche verboten .
Lip Färbung begonnen, einige Popularität in der 16. wieder
Jahrhundert in England , wo leuchtend roten Lippen und eine schneeweiße
Gesicht in Mode kam . Aber im 17. Jahrhundert , Lippenstifte
und andere Kosmetika aus der Mode wieder . Im Jahre 1653 ,
ein englischer Pfarrer namens Thomas Halle führte eine Bewegung
verkünden , dass die Malerei von Gesichtern war das Werk des Teufels . In 1770 wurde ein Gesetz noch
durch das britische Parlament verabschiedet,
erklärte, dass Ehen für nichtig erklärt werden , wenn die Frau
Kosmetik trug vor ihrem Hochzeitstag .
Frühere Kosmetik blieb inakzeptabel respekt
Europäische Frauen, sondern Haltungen begann, in der ändern
1850er Jahren und die erste kommerzielle Lippenstift wurde erfunden
1884 von Parfümeure in Paris. Es war in Seidenpapier bedeckt
und aus Hirsch Talg, Rizinusöl und Bienenwachs . bei
dass die Zeit , Lippenstift wurde in Papierröhren , getöntes Papier oder verkauft
kleine Töpfe . James Bruce Mason Jr. von Nashville, Tennessee,
patentierte das moderne Schwenk -up Lippenstift im Jahr 1923.
Im Jahr 1927 erfand Französisch Chemiker Paul Baudercroux ein
Formel genannt Rouge Baiser . Dies war die erste dauerhafte
Lippenstift . Ironischerweise Rouge Baiser war zu lang anhalt ! es
so schwer zu entfernen , dass es aus dem Markt verboten .
In den späten 1940er Jahren , Hazel Bishop, ein organischer Chemiker in New
York, über dreihundert durchgeführten Experimente mit
verschiedene Prototypen Lippenstift in ihrer Küche. Sie schließlich
erstellt die erste moderne langlebig, nicht schmier Lippenstift,
genannte No- Abstrich . Im Jahr 1950 gründete sie Hazel Bishop Inc.
fördern ihre Kuss - Beweis Erfindung, wie vermarktet " bleibt auf Sie
... Nicht auf ihn . " Ihr Geschäft florierte und zog bald

Konkurrenten wie Revlon . Heute , mit Aromastoffen und organischen
Lippenstifte werden immer beliebter .

CHAPSTICKS
Die Leute haben die Ausarbeitung Heilmittel für rissige Lippen
seit der Antike. Chinesische Aufzeichnungen zeigen, dass eine Form
Lippenbalsamwurde bereits in der Östlichen Han verwendet
Dynastie (25-220 n. Chr.). Eine frühe -zu- Mitte des 18. Jahrhunderts
Amerikanischen Buch beschreibt ein Heilmittel für rissige Lippen für
stillende Mütter :
To Cure Chopt Lipps & c .
Nehmen Sie 2 Unzen : Bienenwachs& cutt es in Stücke oder Poller & 1
Gill guter Süße oyl legen Sie es über einem Feuer löschen , wenn
Gelöste gießen Sie sie in einem leeren Bason und es wird sein, wenn
Coal'd eine Oyntment gut für wunde Brustwarzen auch jede
Thing dieser Art .
In den frühen 1880er Jahren , Dr. Charles Browne Fleet, eine US-amerikanische
Arzt aus Lynchburg , Virginia, erfunden ChapStick
als Lippenbalsam . Seine vor Ort verkauft , handgemachtes Produkt
glich einem wickless Kerze in Alufolie gewickelt. Im Jahr 1912
John Morton kaufte die Rechte an dem Produkt für fünf
Dollar und begann mit der Produktion der rosa ChapStick
in seiner Küche. Sein Geschäft war so erfolgreich, dass
Erlöse aus dem Verkauf wurden verwendet, um die Morton gefunden
Manufacturing Corporation . Im Jahr 1963 , dem AH Robins Gesellschaft erworbenen ChapStick
von den Mortons . Zu dieser Zeit nur ChapStick Lippen
Balm regelmäßigen Stick wurde an Verbraucher vermarktet.
Anschließend viele Sorten eingeführt.
Dazu gehören vier ChapStick Lip Balm gewürzt Sticks
1971 ChapStick Sunblock 15 in 1981 ChapStick
Petroleum Jelly Plus 1985 und ChapStick Medicated
im Jahr 1992. amerikanischen Skifahrer Suzy Chaffee war ein Sprecher
für die Marke in den 1970er Jahren und wurde als Suzy bekannt
ChapStick . Der ehemalige amerikanische Skirennläuferin Picabo Street ist jetzt
häufig auf ihre TV-Werbespots gesehen .
ChapStick wird jetzt von Pfizer , der verkauft die im Besitz
Produktionsstätte in Richmond , Virginia, im Jahr 2011 auf
Fareva , ein Französisch Firma, die nun produziert und
Pakete ChapSticks für Pfizer .
Wussten Sie schon?
Im Jahr 1972 wurden ChapStick Rohre mit versteckten geändert
Mikrofone und des Weißen Hauses Genossenschaften G. verwendet
Gordon Liddy und E. Howard Hunt , wenn sie brach
ins Hauptquartier der Democratic National Committee
an der Watergate- Bürokomplex in Washington, DC. die
resultierenden Skandal führte schließlich zum Rücktritt von
Richard Nixon am 9. August 1974 die einzige - Rücktritt

eines US- Präsidenten bis heute.

DENTURES

Die ältesten Zeugnisse von Zahnersatz oder falsche Zähne gefunden
von Archäologen in Mexiko. Sie fanden ein Skelett , aus
zurück bis 2500 v. Chr. , dessen Vorderzähne geschliffen worden
nach unten , wahrscheinlich , um Platz für Zahnersatz von Wolf gemacht machen
Zähne. Rund 700 vor Christus , Etruskern in Norditalien gemacht
Zahnersatz aus menschlichen oder tierischen Zähnen, die angebracht wurden
mit Golddraht oder Bands. Diese schnell verschlechtert, sondern
waren leicht herzustellen . Es gab wenig weitere Fortschritte
bis zum 18. Jahrhundert . Zahnersatz nicht üblich waren und
fehlende Zähne die Norm war auch unter den Adligen.
Queen Elizabeth I von England gesetzt weißes Tuch in den Lücken
, besser in der Öffentlichkeit zu suchen.
Die älteste Totalprothese ist aus Holz und
stammt aus dem 16. Jahrhundert in Japan. Während des 18.
Jahrhundert verbreiteten europäischen Zahnärzte Walross , Elefanten und
Nilpferd Elfenbein Prothesenplattenzu machen , in die
Zähne befestigt werden könnte . Aber sie durch die angegriffen wurden
Säuren in Speichel, schmeckte schrecklich , und bald verfault . Außerdem
frühen Prothesen mussten vor dem Verzehr entfernt werden , da sie
nicht sicher genug, um mit zu kauen.
Der erste US-Präsident , George Washington, hatte Zahnersatz
von geschnitzten Elfenbein Nilpferd in dem die Menschen gemacht , Pferd und Esel Zähne ausgestattet.
Allerdings waren sie
sehr schmerzhaft und verzerrt den Mund. Dadurch
seiner zweiten Antrittsrede war die kürzeste aller US-
Präsidenten, Datum , es dauerte nur 90 Sekunden !
Tote Zähne populär wurde für Zahnersatz und waren
in Kriegszeiten leicht erhältlich. Beispielsweise nach der Schlacht
von Waterloo , gab es eine Flut von Waterloo Zähne ausgerissen
Soldaten- Leichen auf dem Schlachtfeld. Während des amerikanischen
Bürgerkrieg , Fässer solcher Zähne wurden wieder versendet
Europa . Die Zähne wurden auch von hingerichteten Verbrechern extrahiert ,
von Grabräubern , oder auch von den Armen gekauft gestohlen.
Die erste Porzellanprothesenwurden um 1770 durch gemacht
Alexis Duchâteau , ein Französisch Apotheker . Nach mehreren
Ausfälle, ein praktisches Design, das sehr wurde erstellt er
beliebt. Allerdings waren sie anfällig für Chip und sah
zu weiß , um zu überzeugen . Sein ehemaliger Assistent Nicholas
De Chemant erhielt das erste Patent für Zahnersatz im Jahre 1791 .
Im Jahr 1820 , Claudius Ash von London begann Herstellungs
verbessert Porzellan Zahnersatz auf 18- Karat-Gold montiert
Platten . Von den 1850er Jahren , Kautschuk, dafür eine Form der gehärteten
Gummi, begann ersetzen Gold, die deutlich reduziert
Kosten. Im frühen 20. Jahrhundert , Zahnersatz gemacht wurden

aus Acrylharz und anderen Kunststoffen . Heute sind sie voll nehmen
Vorteil der neuen Legierungen und Kunststoffen.

DEODORANTS
Eine große Vielzahl von Deodorantien sind seit verwendet
Antike. Die alten Ägypter in parfümierten verwöhnt
Bäder, während die alten Griechen und Römer häufig
verwendet, Parfüms und aromatische Öle. Doch mit dem Fall der
Rom, die Vorliebe für das Baden wurde ebenfalls verloren. manchmal
Steinsalze wurden als Deodorant in Teilen Asiens verwendet wird. in
dem 9. Jahrhundert , der arabischen oder persischen Universalgelehrten Ziryab
eingeführt Deodorants im maurischen Spanien .
Der erste kommerzielle Deodorant, Mum, eingeführt wurde
und im Jahr 1888 von einem unbekannten amerikanischen Erfinder patentiert.
Mum war ursprünglich ein Zinkchlorid und Wachspaste oder
Sahne. Diese wurde bald von Everdry , einem Aluminium gefolgt
Chlorid-Basis Antitranspirant.
Im Jahr 1900 eine Vielzahl von Antitranspirantien in einer Vielzahl von Formen
von Pasten , Stiften, dabbers , Puder und Cremes
Roll-ons wurden in dem Markt. Aber Körpergeruch
wurde als eine private Angelegenheit und die meisten Menschen haben
nicht verwenden. Es dauerte clevere Werbung für Verbraucher
zu ihrer Vorteile überzeugt werden. Die Kampagne für ein
Antitranspirant namens Odorono , entworfen von einem ehemaligen
Tür - zu-Tür- Verkäufer namens Bibel James Young, war
in diesem Zusammenhang wichtig. Es porträtiert Körpergeruch als sozialen Fauxpas , dass niemand direkt sagen, war
verantwortlich für die Unbeliebtheit , die aber sie waren
gerne hinter Ihrem Rücken über Klatsch .
Deodorants wurde bei Frauen in der Volks
1920er Jahren , aber die Menschen weiterhin mit Körpergeruch zu verknüpfen
Männlichkeit. Also begann Werbung richten sich an Männer von
Jagd auf ihre Unsicherheiten , wie ihre Arbeit zu verlieren aufgrund
Körpergeruch . Das war eine schreckliche Aussicht, während die
Großen Depression. Top-Flite , der ersten Männer- Deo,
wurde im Jahre 1935 ins Leben gerufen und in der schwarzen Flasche verpackt.
Eine weitere männliche Deodorant, Sea- Forth , wurde in Keramik verkauft
Whisky Krüge als männlich wie möglich zu erscheinen.
In den späten 1940er Jahren , schlug Edward Gelsthorpe Gestaltung
ein Deodorant Applikator basierend auf Kugelschreiber . Seine Idee
wurde von Helen Diserens Chemiker entwickelt. Im Jahr 1952 , Bristol -
Myers mit der Vermarktung als Ban Roll-On . Das Produkt war
ein Erfolg , wenn auch viele männliche Verbraucher vermieden sie
Achselhaare habe , weil in den Applikatoren gefangen .
US-amerikanischer Erfinder und Kosmetikchemiker Dr. Jules
Bernard Montenier patentierte das moderne Formulierung
des schweißhemmenden im Jahr 1941. Gillette Right Guard war

die erste Aerosol Antitranspirant in den frühen 1960er Jahren. Heute .
etwa 95 Prozent der Amerikaner nutzen Deodorant.

LITERATUR
. 1 das Kind, das Eis am Stiel erfunden: And Other
Überraschende Geschichten über Erfindungen von Don L. Wulffson,
Taschenbuch - 128 Seiten (1999), Papageitaucher.
2. Fehler, die von Charlotte Foltz Jones arbeitete und
John O'Brien (Illustrator), Paperback - 48 Seiten (1994)
Doubleday.
3. Panati der außerordentlichen Origins of Everyday Things von
Charles Panati, Paperback - 480 Seiten, Auflage Neuauflage
(September 1989), Harpercollins.
. 4 Die Evolution des Nützliches: Wie Everyday Artifacts
- Von Forks und Pins zu Büroklammern und Reißverschlüsse - Kam
zu sein, wie Sie sind von Henry Petroski, Paperback - 304
Seiten (1994), Weinlese.